U0580921

做最有影响力的图书

世界不曾亏欠
每一个努力的人

端木向宇 著

中国出版集团 研究出版社

图书在版编目（CIP）数据

世界不曾亏欠每一个努力的人 / 端木向宇著 . -- 北京：

研究出版社，2018.6

ISBN 978-7-5199-0436-4

Ⅰ . ① 世… Ⅱ . ① 端… Ⅲ . ① 成功心理 – 通俗读物

Ⅳ . ① B848.4-49

中国版本图书馆 CIP 数据核字 (2018) 第 108594 号

出　品　人：赵卜慧
责任编辑：寇颖丹

世界不曾亏欠每一个努力的人
SHIJIEBUCENGKUIQIANMEIYIGENULIDEREN

作　　者：端木向宇　著
出版发行：研究出版社
地　　址：北京市朝阳区安定门外安华里 504 号 A 座（100011）
电　　话：010-64217619　64217612（发行中心）
网　　址：www.yanjiuchubanshe.com
经　　销：新华书店
印　　刷：北京市俊峰印刷厂
版　　次：2018 年 6 月第 1 版　　2018 年 6 月第 1 次印刷
开　　本：880 毫米 ×1230 毫米　1/32
印　　张：8 印张
字　　数：135 千字
书　　号：ISBN 978-7-5199-0436-4
定　　价：36.00 元

序 言

◀ ◁ ◁

　　如果你在某些方面跟别人比没有什么先天的优势，比如没有一个背景优越的家庭，或者没有聪明灵光的脑袋，或者没有漂亮的容貌等，这时你就像一个没有伞的孩子，别人在雨中享受雨伞给他们带来的安逸，而你就必须一路奔跑着回家。你要比别人付出更多的努力才能不被雨淋湿，才能取得属于你的成就。

　　在每个人身上，都有独特的个性。所以，不管这个时代多么浮躁，总还是要有沉下心去努力拼搏的人。不要懒懒地窝在床上，也不要没日没夜地追剧，更不要疯狂地吃喝玩乐。请你在清晨，有着最美好空气的时候出去走一走。看看满天飞舞的落叶，欣赏池塘里鱼儿自由的欢畅。这个世界真的很美好。

　　刚从学校毕业时，我也曾想闯荡一番。若去不了"北上广"，怎么也要去"苏锡常"，最后却只能贴着魔都大上海的边缘城市过着"双城"生活。至此才会发现，普通人要过上有追求的生活，只能选择努力拼搏。白天兢兢业业地守着一份新闻媒体的工作，可薪金远不够花，不得不挣扎着待入夜后再去写作。每天的睡眠只有四五个小时。待生活有些好转后，心里也就不安稳起来，想着还要创一份业，就折腾着去找些自己喜欢的事情做。可这个世界是理性而又残酷的，毫无经验又不善经营的我，每次都会面临危机。

这些辛酸和汗水，只有冷暖自知。我有时会这样扪心自问："这是我经过努力想要的生活方式吗？"这么上进的我，不是为了做给别人看，是为了不辜负自己，不辜负此生。

不得不说，在这个世上所有的事业，都是解决人的欲望而产生的，也许在努力满足别人的欲望时，能成就自己的欲望。别以为那些比你富有的人没你努力，那你就大错特错了。当下有句话很流行："这个世界最可怕的不是很多人比你牛，而是比你牛的人比你还努力。"

当你的信念与自我处于完全和谐的状态时，就没人能动摇你了。下定决心改变吧！你不努力，怎么知道不能遇见更好的自己。年轻让我们任性，却也给了我们无畏，不要让远行成为地图上的标签，或仅是友人之间的谈资。远离喧嚣，在年轻的时候，出去走走可好？见识多了你的心境就宽广了，不要觉得独自行走是个可怕的念头。

有人说青春应该是明媚张扬的，也有人说青春应该是疼痛忧伤的，不管青春是什么模样，年轻的你，在追梦的路上，是否也迷茫又彷徨？有没有一件小事，是你全力以赴的？有没有一个人，是你值得去深爱的？有没有一段经历，是你留给自己的？今天的你，是否用尽全力去努力，去力争实现梦想？

没有伞的孩子必须努力奔跑！

奔跑！奔跑！不停地奔跑！一路跑向成功。

目 录

▶ ◁ ◁

第一章 ▷ ▷ ▶ **// 001**

　　这个世界上所有的东西都是有生命的，它们的存在既合情又合理。植物知道哪里有阳光，懂得努力地为自己的生长找到合适的环境。我们人类从第一次呼吸这个世界的空气开始也一直在挑战自己，例如学会爬行、学会走路、学会说话、学会生存等。我们每一次成功都是在超越自我，让自己更加优秀；而每一次超越自我无不是长期努力的结果。

第二章 ▷ ▷ ▶ // 049

你所期待的生活，是你即将努力的方向。每个期待对于个人而言，都意义非凡，无论是对未来的期待，还是对事业、成就和幸福的追求，但在期待美好未来生活的同时，不要看轻自己，不要认为自己这辈子没有什么大作为，那样你是无法得到自己所期待的生活的。

第三章 ▷ ▷ ▶ // 093

不要抱怨生活给了你太多的磨难，不要抱怨生活中有太多的曲折，更不要抱怨生活中存在的不公平。天地阔大，世事邈远，掩卷凝思时，几度物换星移。当你勇敢地迎难而上，用智慧与力量去不断前进时，坚强就伴随着你攀登上人生的高峰。

第四章 ▷ ▷ ▶ // 145

　　自信就是你能力的催化剂，将人的一切潜能都调动起来，它将你各部分的功能推动到最佳状态。而高水平的发挥在不断反复的基础上，巩固成为人本性的一部分，将人的功能提高到一个新的水准。拥有了自信，你足以击败成功路上的一切阻碍。

第五章 ▷ ▷ ▶ **// 195**

　　人生有了目标，就一定要全力以赴去努力实现，面对自己多姿多彩的想法不要仅是陶醉不已，面对成功路上的险阻不要迟疑，也别因等待时机而让沸腾的思想冷却。成功的机会不是谁都能遇上的，当机会来的时候，应迎面而上，不是畏首畏尾感到害怕，坚持到底才会胜利。

第一章

这个世界上所有的东西都是有生命的，它们的存在既合情又合理。植物知道哪里有阳光，懂得努力地为自己的生长找到合适的环境。我们人类从第一次呼吸这个世界的空气开始也一直在挑战自己，例如学会爬行、学会走路、学会说话、学会生存等。我们每一次成功都是在超越自我，让自己更加优秀；而每一次超越自我无不是长期努力的结果。

■ 青春就是奋斗的代名词

在我年少时，有人曾这样问我："青春是什么？"当时的我，不知如何回答。青春也许就是人生中最富有活力的时光吧！现在看来，这是过于单纯的想法。其实，青春是那些你想留却留不住的日子。当经历过那些青春的迷惘、挫折和绝望后，我才明白，青春就是奋斗的代名词。

人就像一棵稗草，因为奋斗而活出像稻子一般的精彩。稗草生长在南方稻田里被认为是无用的植物，它是农民的"眼中钉"，只要被发现，就会将它从稻田里拔除。人们完全不会顾及一棵稗草的感受，只嫌弃它吸收了稻田里的养分，而影响收成。可人们怎么就能把另一件事情给忘了呢？稗草，它是小麦的祖先，小麦就是受到人类培育而由稗草进化而成的。

稗草就是通过改变内在的自我，让自己成为一株有用的植物。如果现在的你积极、努力、上进，为拥有一个更好的明天；为不再害怕老板的炒鱿鱼、贷款到期的压力；为不再过颠沛流离、居无定所的生活；为自己在生活上不捉襟见肘；为自己的孩子能得到良好教育；……那么就需要学习稗草，用奋斗来实现自己美好的青春。

我的计算机老师王辉，同学们都亲切地称他为辉哥。他自大学毕业后，就来学校教我们计算机，他只比我们大 4 岁。他个子矮小，看上去有些弱不禁风。由于长得弱小，讲话声音轻细，在辉哥的课堂上，总是乱哄哄的。

直到现在我还能记住他，是因为他身上具有一种冒险精神。

那时的辉哥还很年轻，拥有自己的梦想，觉得一座小城市无法实现他的理想，便毅然离开了"旱涝保收"的教学岗位，独自南下去了广州。开始，他只能赚很少的钱，租廉价的小平房，夏天没有空调，上厕所还需要排队。

每天黎明时分，天蒙蒙亮的时候，辉哥就要走出蜗居的巢穴，奔跑于一个又一个公交车站，在人潮中一路颠簸，他啃着刚从街边买来的油条或小笼包，睡眼惺忪地赶往工作地点上班。在别人眼中，辉哥的生活过得艰辛，可他自己却觉得乐在其中。

俗话说："不积跬步，无以至千里；不积小流，无以成江海。"当辉哥历经了数年的艰苦，攒够了买房的首付款后，他的梦想就扎根在了广州，这座他乐于为之坚持并打拼的城市。现在，头发渐白的他，面对早已远逝的青春，没有一丝后悔。

在此，我想问：青春应该被无度地挥霍，还是应该好好珍惜呢？如果想为自己的青春做点有用的事，做一点值得回忆的事，那么就应该像辉哥这样，不让青春虚度。奋斗能让我们的生活充满生机，责任又会让我们的生命充满意义，再加上一些压力，就是成长的助推剂。我们创造的成就能令自己充满自豪，所以不要说生活艰辛，其实奋斗也是幸福的一种，不是吗？

我自己也始终相信，坚持不懈地奋斗是最终走向成功的重要因素。趁青春还未逝去，我们应该趁早立下志愿，这样走在理想的路上会轻松点。把自己的目光放远一点，就能把苦和累看得淡一些。最后，对于自己的努力再上加一分执着，那么我们心中那些对于成功的期盼都会穿透层层迷雾照耀到自己身上。

我的朋友小涛刚从上海音乐学院毕业时，只有一个愿望，就是留在上海。当时，她下了决心，只要能留在上海，哪怕不让她做播音员、主持人、表演相关的职业，随便干什么都愿意。这个决心支撑着她的信念，让她相信只要自己付出努力、勇于奋斗，就没有克服不了的困难。

兴许她是有那么一点幸运。不久，小涛就被上海一家单位招聘做了配音工作。可她并不满足于自己的现状，又跑到另一家电视台去应聘。虽然表现出了自己很好的风采，可在人才济济的应聘者中，她还是被淘汰了。在离开面试间的那一瞬间，她竟然勇敢地做了个转身，重回到主考官面前，请求他们将她留下来，只要能留在电视台，她什么活都愿意干。

其实，生活有时并非展现出我们想象中的那个样子，那么怎么让自己成为别人眼中有用的人？小涛选择好了自己发展的平台，就想尽办法留下来，只要有一点希望，就能成为点燃她梦想的星星之火。从那天起，电视台的传达室里就多了一个每天都带着浅浅微笑的女孩。她打水、扫地、打杂、取报纸等，日复一日欢乐地忙碌着。

幸运再一次降临给了有准备的人。小涛在平凡的岗位上，用积极快乐的工作态度，赢得了"好人缘"。有一天，上级让她上镜试播。谁知，这一试便一发不可收拾，她由勤杂工成为主持人，并正式进入电视台。

如果我们拥有青春的激情与活力，拥有轻狂与不羁，拥有绚丽而美妙的梦想，那么就应该用激情去耕耘青春，用青春去编织梦想，用梦想去指引前行的方向。可以说，每个人都有青春，每个青春都拥有自己的故事，在每个故事中必有一段奋斗的经历。

所以，青春是用来奋斗的，理想是用来实现的。我们想要活出无悔的青春，就必须要为它奋斗。波涛不撞击岛屿和暗礁，就不会激起美丽的浪花；不懂奋斗的人，无法奏响生命的乐章。要让我们的青春无悔，那就必须为自己而奋斗。勇往直前吧，从现在起通过自己的奋斗，实现自己的价值！

■ 你期待的梦想在远方招手

在你的心中，是否会向往拥有一个美丽的远方？不论你生命有多长，步履走得多么远，是否都有一个唯美的梦想在心里萦绕？你想去的那个远方，是否是你从未到达过的地方？我在独自思考的时候，时常会站在高楼上眺望天际，远方总有遐想，会吸引着我，对于明天、将来、未知的领域都会生出各种想象。我对于自己的梦，常常充满幸福的憧憬。

远方这个词是带着蛊惑，能让人从血液里迸发出对于激情的追求，如同云霞对夕阳的依恋，如同森林里鸟儿对树木的难舍，如同山川对河流的热爱。幻想在天的那边，有一些未知的惊喜。那些梦想就像是掠过天空的飞机，装满了希望；像林中的植物，充满生机；像奔腾的千万河川，生生不息。

当我们的心里装着远方时，梦想就会变得多姿多彩，装饰着我们各自的人生。毛维是位年轻的小伙子，在一个夏天，他从苏州出发，翻山越岭，骑着他的摩托车，花去了整整一个月的时间，独自骑行了 1 万公里后，顺利归来。

若不是他向我报出自己的名字，我怎么也记不起这位驰骋万里的摩托车手，曾经是我的同班同学。看着他青春活力的样子，再看看我臃肿而脂肪堆积的身体，两者相比之下，我无比惭愧。原来这么多年，我一直在原地梦想着将用什么方式来改变自己生活时，毛维早已用行动来向我证明了——自己的梦想，必须要用实际行动去实现。

毛维的性格是外向而不安分的，与他同窗时，他从来不会安静地在课堂上坐满一节自修课，他的身影会频频出现在学校的操场与篮球场上。奔跑、跳跃、欢笑成了那个年龄男孩们的象征，过多的荷尔蒙和体育委员的身份，使得毛维在校园里比别人更加活跃。与此同时，在他的身上也聚焦了许多女孩的目光。

于是，我在学校的那些日子，就自然而然地变得美好而又欢快。毛维在即将毕业的那年，选择了应征入伍。他毅然放弃单纯而安逸的生活环境，去找寻别样的人生。

我无法想象，当时的他是怎样一种心情。我知道，他一定有自己的信念，要为自己、为家人、为祖国带一份光荣回来。入伍临走的那天，他接受着亲人的祝福，就像多年以后的今天，他去独行万里般的骄傲。

年轻就是用来闯荡世界的。当年入伍的大巴车上满载着一颗颗年轻的心，向他们心中未知的地方驶去时，他们心中不同的希望也成就了各自不同的人生。轻履者必能行远，在此不得不称赞我的同窗毛维，他是具有独特人格魅力的人，任何时候都能轻装上阵，并从容前行。也正是因为他的这份宠辱不惊，成就了他的远行梦想。

"人生就是远行，道路就在前方，追赶心的方向，我永远在路上。"年轻的我们，总需独自远行一次，不论以何种方式，只要是一次能远离父母呵护的旅行就好。你会在路上遇见一些陌生的事物，不要害怕。人生就是独自行走的过程，没有理由再为停滞、徘徊寻找托词。因为你的旅程，只能依靠自己完成。

可很多人，也许包括你，拥有一些总是被自己推迟、被别人搁置在心里的梦想。可能你远行的清单很长，上面写满了许多美好的愿望，而每个愿望都是你此生渴望实现的，可就是你在等待、彷徨、裹足不前中，与梦想错过，并使你遗憾。

与晓峰相识在一次演唱会上，他与很多未走红的歌手一样，心中拥有着让自己辉煌的梦想。可有些梦想不是一步就能实现的，而是需要在音乐这条道路上不断探索，才能慢慢接近梦想。幸运的晓峰出生于音乐世家，少年时就成为本地音乐家学会最年轻的会员，还在读初中时他就开始创作原创歌曲。用他自己的话说，音乐就是要把自己的梦想唱出来。

此后，他在经历了长久的演唱生涯后，远赴新加坡、日本进行音乐深造。他对于音乐的执着，是他实现梦想的奠基石。在受到西方音乐的影响后，他有了新的创作曲风。在演唱与词曲创作这条路上，实现了新的突破。他乐此不疲地奔波于实现自己音乐梦想的路上，成功地完成了自己人生的第一次演唱会。

如果我们没有远行，就不知道远行的力量，它改变的不仅是对待生活的态度，还有观念。在纪念世界和平年的晚会上，他创作的群星演唱歌曲，受到了广大歌迷的喜爱。现在的晓峰通过努力，离自己的梦想越来越近，近到可以触摸。

所以，你昨天期待的梦想，就在不远的地方。远方很近，只要你有勇气向着它的方向勇往直前，那你的灵魂就有了温暖、有了希望、有了抵抗人生寒冬的力量。寒冬时节，看树上那些柚子依然傲立枝头。这些挂在树上的果实，就像你的美丽梦想。虽然处于冬天恶劣的环境下，但是依然无惧风雨严寒，等待着丰收的那天。我们的人生也是如此。只要你心中有了期盼，有了去远方的向往，生命就不再苍白。不是远方有梦想，而是梦想就在并不遥远的地方。其实，远方就在你我的心中。

■ 在成长过程中，你的努力决定着你的成败

夜深人静的时候，当你受到环境的影响，静下心来思考人生，你会清晰地发现，在你的人生出现了两条路，一条是接踵摩肩、拥挤不堪的希望之路，可你已在这条路上落下很长一段，另一条是孤单寂寞又充满坎坷的未知之路。可能你还在犹豫徘徊时，从后面赶超而来的人又将你超越。

生活从来不是一条平坦之路，而我们所有经历的，都是成长赋予的机会。努力成长吧！它是每个人的必修课。优秀的人，总是会看透自己和环境的关系，总是会把消极的想法从自己内心中扫除殆尽，让内心充满平静和希望。可往往当你的年华似水般流走后，那些生活琐碎、现实的枯燥就会让你越来越麻木，热情也会一点点被消磨。

"大多数人想要改造这个世界，但却罕有人想改造自己。"我们每走一步都会留下痕迹，哪怕别人不以为然，也要努力面对自己。生活是自己的，当成功的最佳时机到来的时候，不要左顾右盼、思前想后，不然就会错失良机。能够做成大事者必先选定努力的方向，然后毅然

前往，不畏路途的艰辛与困难。你要知道，当历尽艰辛，达到小目标后，才有机会迎来小目标后面的大成功。

从学校毕业后，我曾拿着薄薄的几页 A4 纸打印的个人资料，去人才市场碰运气。当时，在会场的入口处，有一家著名的营销公司摆设了摊位，由于该企业设立的岗位较多，摊位前已被围得水泄不通，蜂拥而至的人群中还夹杂着不绝于耳的抱怨与争吵之声，现场混乱一片。

当时的我，手里只有一张普通学校经济管理专业的毕业证书，很想应聘人事管理一职，比起身边那些重点院校毕业的学生，显然底气不足。我想反正都是来碰运气的，这么乱的场面实在"素质"全无。

人流挤压得我有些想离开的意思，但转而一想，这种混乱的场面可能是这家招聘单位事先没有预料到的，这会使像我这样身单力薄的女生失去机会。当时，我不知哪里冒出来的勇气，干脆钻出人群，大声地喊道："同学们，这样无序地竞争，实际上对大家都不好，更不能提高应聘效率，不如大家排成一列队伍，挨个递上求职者资料，这样也能提高效率，怎么样？"

让我没想到的是，人群在一场骚动后，有些人开始挪动脚步。一条队伍的"雏形"已然呈现，我顺势整理了队伍，由于应聘者实在太多，队伍往后的地方，排成"S"形，让出了过道的位置。接着，我又走到摊位主管面前，请他能一视同仁地给每位应聘者两分钟提问和作答的时间，这样排在后面的人也有个盼头，不然性急的人又会破坏秩序。

说完，我就向队伍的最后面走去，等轮到我提交简历的时候已经是下午4点了，摊位的招聘人员正忙碌地收拾应聘者的资料，一副快要收摊的样子。饥肠辘辘的我显得有些沮丧，排了这么久，只为应聘一个管理岗位，而排在我之前的应聘者竟达二百多人。有点泄气的我，还是坚持了下来。

当我递上个人资料时，其中一位中年人对我颔首微笑，并伸出了手说："我是负责人，今天的情形我都看见了，你将会被重点考虑。不要灰心，有时排在最后，依然有机会。"

至今我都很感谢这位中年人，他说的很对，有时候学历仅能代表过去求学的经历，而在现实的应变能力，才是真正学到的本领，我不想说自己成功了，但从那一刻开始，我的态度改变了我的生活。有时成功并没有什么捷径可言，只是为之努力付出后，得到了回报而已。

而每个人的成功，都与自己的成长经历有关。不管何种处境，都是一种自我的修行，它能形成自己的认识体系，或者训练自己的技能，帮助你成为专业高手。这些积累也会让生命变得有厚度，等到机会来临时，你的成长帮助你做好了充分的准备，接着就开始一点点地释放自己的能量。

如果没有努力的成长，那么幸运也不过是昙花一现，根本没有可透支的资本。一个人的真正强大，是勇敢面对所有问题，从中学习，而后变得更有力量。这就是每个不能打败我的事件，都会把我变得更加璀璨。

当我学会在受伤时，独自舔舐伤口；当我学会从一个地方跌倒了爬起来再继续前进；当我学会在羊肠小道上探寻光明；当我知道打掉的牙不能下咽而要吐出来；当我明白失败是成长中必须要经历的事时，我就能无畏地面对未来。没有人可以打倒我，打倒我的只有我自己。其实，你也是一样，在困难中行走比在幸福中享受安逸更能让人成长，那些九死一生才能迎接的日出和日落，也只有经历过生死后，才知道它的美丽和不可替代。

最近，我看到一段视频节目的评论。这档节目的主题是击鼓与杂技的多元结合。设计很有创意，在传统文化的传承之余，融合了时代的表演方式，将艺术价值和观赏性提高了许多。参加演出的人数众多，动作难度也很大。可在表演结束后，点评员却毫不客气地说："这样的表演对这些孩子将来的生活并无益处。"

真的没有益处吗？辛苦的训练、团队的合作、坚强的意志，对于这群表演的孩子们来说，他们拼命努力、吃苦忍耐，就是为了在舞台上能一展自己的风采。还好另外一名评委鼓励他们，让我比较赞成，他说："你们每一张脸都不一样，你们这么努力，将来都是独一无二的。"

所以，千错万错，你努力付出不会有错，它是你成长过程中的必修课。由于每个人选择成长的方向不同，走的路也不相同，但最终与成功相遇的机会，将与你付出的努力成正比。如果你正充满迷惘，不要气馁，也不要着急。等到迷雾散去，四周将展现给你美丽的风景。

■ 重要的不是你是谁，而是你想成为谁

人一定要有梦想，万一实现了呢？

有些成功你连想都不去想，那还如何能实现？喜马拉雅山之所以高不可攀，不是因为它无法攀登，而是很多人没有要去征服它的想法。有些梦想并不是遥不可及，只是你没有胆量去想，那更不会为此而行动。其实，每个人都能成为自己想要成为的样子。若你想成功，就要敢于想象自己成功的样子。假如连想都不敢想，那么你的成功永远都只能是泡影。

在幼年的时候，你一定会被家长、老师、长辈问一个问题，长大后想成为一名什么样的人。年少懵懂的你，也许比成年后的你更有志向，你可能会说自己要成为一

名能改变世界的科学家，一名救死扶伤的医生，一名所向披靡的律师，一名能建造上百层高楼的建筑师，或是当一名受人尊敬的人民教师。

可这些愿望在你长大后都无法实现，特别是在进入大学以后，你的思想日趋成熟，心智也日渐健全稳定，对自己的未来反而越来越迷茫，很多时候往往会迷失自己，无法找到正确的目标，认为理想与现实相距甚远。比如，你想当教师，却考上了一所技术学院；想当医生，却因几分之差而未能被医科院校录取；想成为一名优秀的建筑设计师建设摩天大楼，结果只能作为一名建筑工人在工地里当临时工，而非自己想象中的建筑师。

这个世界如果你没有亲身经历，就无法说出经历它时的痛苦。当你敢于直面自己人生的同时，也需要思考这么几个问题：我现在是个什么样的人？我理想中的自己是什么样的？我将用什么方法成为自己想要的人？

我觉得，每一个敢于直视自己的人，都是勇敢的。记得有一位邻居，文化程度不高。并不是他不想好好学习，考上一所理想的大学，而是他的家庭条件不能支持他的想法。出生于单亲家庭的他，十岁时就多次和继父闹翻，并离家出走。在我的记忆里，他小时候就是被打着长大的，大概越是暴力的家教，越可能教育出一个叛逆的孩子。

我曾目睹他在巷里子抱头乱窜，后面追赶他的继父手里提着一根又粗又圆的木棍。也许他做了什么出格的事情，但家长不至于如此粗暴地对待一个孩子。然而，他的继父在使用暴力的时候，并没想过要用心平气和的教育方法。那时，每当小伙伴们放学走过他家门口时，都会加快脚步，胆战心惊地生怕他会突然冲出来，吓唬孩子们。

　　长到二十多岁，我的这位邻居还待业在家，家庭暴力使得他的性格变得懦弱，整日颓靡。他母亲也整日惶恐，害怕他会交友不慎，走入社会后误入歧途，不支持他出去工作。其实，这些在我看来都是家长多余的想法，每个人的生活方向都是由自己选择的，不接触社会，在家啃老，难道就一定能走上正确的道路？

　　我认为，人生的关键是你能为自己确定一个什么样的目标，这将影响着将来的你会成为一个什么样的人。可很多时候，我们并不能拥有一个十分明确的目标，所以在这之前，必须要有勇气去尝试，也许你会四处碰壁，这只是为了找到一个适合前进的方向。你也别怕自己会钻进牛角尖，往往成功就取决于努力的程度。

　　有人曾说过："眼睛所看到的地方就是你会到达的地方，伟人之所以伟大，是因为他们决心要做出伟大的事情。"这句话用在我邻居身上也十分贴切。终于有一天，他勇敢地走出了人生的第一步，脱离了母亲，让自己独立起来。他准备做点小生意，以此来养活自己。可他没有原始资本，更没有现成的店面让他经营。怀着试试看的心理，他决定开一家网店。

"你到底想要成为一个什么样的人？"他理智地面对自己缺点的同时，也挖掘出了自己的优点和特长。性格偏懦弱的他，勇于克服自己的不足，从网络电商开始做起，仅是小本的买卖，也赋予他很多自信。这种不用与人正面接触，但可以通过网络与人交流的方式，正好与他内向的性格不谋而合，他利用网络电子商务平台，不断地建立起了自己的商业品牌，并依靠他的努力，成为网络电商中的一分子。

他从淘宝网站卖二手旧货开始，做到知名品牌的一级代理商，足不出户的他，拥有自己的事业，没有人在乎他的学历低，也没有人在意他自卑的心理。他的成功也并非偶然。刚开始，一心想创业的他，遭到了周围很多人的反对和打击。虽然有母亲的鼓励，但母亲无力为他提供资金支助。

网店开出之后，他就像找到了自己的精神支柱，疯狂地阅读创业故事和创业者自传。对如何开展电商业务类的书籍特别感兴趣，与他业务相关的书籍，也差不多被看了个遍。之后，他不再用平常人的想法来看待创业这件事，而是把自己想象成一个已经拥有一家成功企业的负责人，用管理企业的全局眼光来对待网络经营这件事。

是眼界改变了他的思维方式，并让他找到了通往成功的捷径。他成功的关键在于，学习成功者做事的果断与干练；学习成功者对待客户的细腻与体贴；学习成功者思考问题的方式和方法；学习成功者身上的良好品质和处理事务的能力，更主要是学习成功者对待自身业务的专注与精通。

所以，人生重要的不是你是什么人，而是你努力去做什么人。登上喜马拉雅山并非不可能，而在于你是否想要成为征服它的那位伟大的人。在很多时候限制你成功的，也许就是你头脑里的那些条条框框。要先努力改变自己的内心世界，让别人改变对你的看法，才能将自己的外部世界进行逆转，成为自己想要成为的人。

■ 人生很长，不努力就会迷茫

当你漂泊在异乡的土地上，混迹于都市喧嚣繁华之中，是否只能与自己寂寞的影子，跌宕起伏在无尽的黑夜里。此时的你应该无法安睡，一些负面的思绪也会随之吞噬你，为什么我们在漫长的人生路上，总会遇到迷惘。而积极面对生活的人，却把黑夜与孤独当作享受，并能用它来激励自己。

为什么有的人越来越幸运，而你偏偏总是不幸运？

其实，不是你不够幸运，而是你还不够努力。努力而积极的人有自己的目标，再困难的道路，走起来也铿锵有力。而没有方向感的人，就会深深地陷入迷惘之中，并时常哀叹，生活对他的不公平。

生活真的是有选择性的"照顾"一些人吗？当然不是。你努力或是不努力，并不能影响别人，而能影响你自己，过得不好，只是你自己不努力的结果。别人不喜欢你，可以随时忽视你的存在，而你却因为别人的忽视而自暴自弃。如果继续放任自己的话，那么更加没有人理会你的感受了。

如何让你远离迷惘？唯有让自己变得更好、更完美，你才能得到别人的重视。"想要征服世界，首先要征服自己的悲观。"在人生中，当你的悲观情绪笼罩着你的时候，你就会感觉无助与迷惘，同时对自己所做的事情，也会进一步失去信心，最终导致自己产生失败感。

在最近的一段时间里，阿毛的心情确实有些莫名的失落，他把这一切悲观的情绪都归功于别人对他的不理解，特别是他的家人也不支持他，而他并没有把自己不切实际的想法进行总结和分析。让他更加不开心的是，一手创办的企业，长久不见起色。

阿毛无法平复自己乱糟糟的情绪，由于事业的进展缓慢，加上他有点心急，让他觉得压迫感与日俱增，而这种压迫感越发让他处理事时顾头不顾尾。就拿前天下午的事来说，由于发货太急，他竟然忘了附上送货单。

这种不应该出现的失误，却在他的手里频繁出现，事后又让他自责不已，如此反复，他的心情就越来越压抑，情绪无法得到控制的结果是屡屡出错。

我正好出于工作的事情去拜访他。见他心情低落，随即安慰他说："一件坏事并不一定在任何时候都能使你烦心，它往往会在你精力最差的时候影响你。工作失误并不能代表你的能力不强，但你如果继续消沉下去，那么必须要找出原因，不然你将无法振作起来。"

人生就是一种选择。他忧心忡忡地告诉我：他的选择很简单，只要过一天就算活一天了，可这种看似简单的生活态度却没有让自己快乐起来。今年，受市场经济大环境和各种因素的影响，他的公司效益每况愈下，利润也一路下滑。

在这两年里，阿毛的公司坚持老项目和新项目两条腿走路这个大的方向，他也满怀信心地去争取机会。可从现在的发展看来，不仅没有多大的进步，而且员工觉得公司前途渺茫而纷纷离职，这让他开始怀疑自己的能力，他的公司逐渐在同类企业中丧失了竞争力。为此，他也非常迷茫。

"你有没有努力地去做让公司看上去充满活力的事?"我忍不住问他。

"日子过得很快,每天都是疲于应付,哪有什么活力。"他继续叹着气。

他用这种态度经营自己的公司,难怪员工会在他的公司里看不到希望。一个没有活力的公司,他的团队是没有战斗力的,也是无所作为的,没有信心打败自己和敌人的团队,就像是一潭死水无法立足于社会之中。

一个公司,连领导者都不能明确方向的话,还怎么能让员工不迷茫呢?员工在公司中工作,如果看不到希望,感受不到所做的事的价值和意义,就无法意识到自己在做的是一份富有挑战性的、激动人心的工作,更别说能展示自己的才华,证明自己的能力。如果他们在公司里无法获得提升,他们的积极性也会受挫。

我当即给了阿毛一点建议。公司在做好业务工作的同时,也要营造一种积极向上的氛围,强调员工在公司中的价值,能让他们参与管理,有一定的决策权,要最大限度地满足员工的个人发展需求。公司一天天在成长,而员工也一天天成熟,要他们与公司一同成长。领导者所要付出的不仅是努力,还要相信自己,带领自己的员工走出迷茫。再坚持下去,就会发现,成功其实就在眼前。

在人生中，我们有诸多无奈，故而需要在仰望夜空时，让自己看到闪烁的星斗。在俯视大地时，能看到许多美景。在漫长的人生旅途中，当你不断前进时，还要调整好自己的情绪，要用乐观而坚韧支撑起自己的一片蓝天。

往往我们缺少这样的一种心态，认为自己的生活没有目标、缺乏精神支柱、没有为之奋斗的方向、生活迷茫……很多的时候，会感到生活没有意义。这种悲观的性格有可能是因为长期处于压力、紧张和封闭的环境所引起的，每个人都有性格的双面性，总有一面是悲观冷漠，一面是积极热情，这就需要你调动出自己的积极与潜力。

当悲观降临时，你可以尝试着与性格投缘的人说话交流，大家一起唱歌、吃饭、购物，转移对不良情绪的注意力，慢慢地就会开朗起来。当你对周围事物有不同的看法时，还需要多运动、多关心时事，多读一些积极的书籍，培养自己抵抗焦虑和迷茫的能力。

所以，人生的旅途很漫长，你的努力有时也需要用来应对迷惘。就像那些积极的人，他们像太阳，走到哪里哪里亮。而悲观的人却像月亮，初一十五不一样。虽然黑夜让你看不见方向，但你的内心千万不能被孤独、迷茫所充斥。当你迷茫时，亦不妨看看头顶上明晃晃的月光，它正在努力地为你照亮方向。

■ 没有努力过的人生，就是虚度时光

在这个世界上，唯一不可阻挡的是时间。我们每天都随着这颗巨大的地球而旋转，像永远都停不下来的陀螺，碾压过一切已知或未知的事物，它不容你休憩，也不容你喘息。而你在这个世上的时间，短暂得只有弹指之间。

没有努力过的人生，就是虚度了的光阴。当你发现自己在岁月中，没有留下别的什么，只留下了很多遗憾的时候，一定会叹息许多时间都不知道用到哪儿去了！别怪你的时间太少，它对每个人都是公平的，要怪只能怪自己，没有在最好的时间里把握住它。在同样短暂的时间里，你没有办法做太多的事情，更没有必要活在别人的生活里。

即便你用尽一生的时间，也无法让自己做到事事如意，但你必须要努力让自己做到完美。就像你在开垦一片荒地的时候，会遇到很多硬土巨石。当你播种时，会遇到干旱与水淹，但你必须学会让自己坚强起来，绝不能流下软弱的眼泪。很多时候，你与其徒劳地哀叹，倒不如把时间用在努力拼搏上。虽然不知道天灾何时会停，

但你一定要深信，乌云会散去，天空会放晴。

刚考上飞行学院的小霆与我们身边的大学生没有什么两样，可他不会坐在咖啡店里上着网与别人讨论"为什么要努力"这样的话题，因为像他那样长大的孩子，从来都没有机会挥霍时光，他每日都在努力学习、拼命活着，根本没有时间敷衍自己。

他在家里排行老四，在他出生之前就有三个姐姐。家庭的贫困根本无法支撑他的降临，然而当小霆回忆起他幼年的经历时，有一件事让他刻骨铭心。那时，家里会有许多陌生人来拜访，说是拜访其实都是来上门讨债的，父母为了应付他们，总会烧几个小菜招待，希望这样能够拖延还债的时限。

而不懂事的四个孩子，每当看见讨债的人离开，桌上留下的一些残羹剩饭时，就会贪婪地对着那所剩无几的盘子垂涎欲滴。这个时候父母就会大声地训斥孩子们。特别是讨债者来的次数多了，父母有时还会抱头痛哭。有次，小霆被吓得浑身发抖，他哭着跪在一个中年人的面前，却被那个人一脚蹬开。父母无能为力的软弱样子，让小霆觉得羞耻。

由于家庭的贫穷和债务缠身，小霆的母亲不得不抛下四个孩子出去打工赚钱，她每天背着蛇皮袋子走几十公里的路，只为在城市的各个垃圾堆里翻找塑料瓶、易拉罐、硬纸板等能换钱的废品。

生活的苦难不断地折磨着这个家庭，小霆如同一个破布娃娃，过早的生活压力让他的心灵千疮百孔。可他并不在困难面前怯懦，他一次又一次从跌倒的泥潭中挣扎起来，拍了拍身上的泥土，然后继续无畏地努力生活着。

现在小霆 23 岁，早已不是别人眼里胆小怕事的小屁孩。与他同在一间教室上课的学生多数家庭生活优越，可小霆则比他们更加努力。在一次阅读分享会上，他告诉我："像我这样出身的孩子必须拼命地活着，不为什么，只因为我没有选择。我不想过得心惊胆战，不想让我的孩子像我一样因为贫困而自卑，也不想自己的孩子在 15 岁的时候去做二三十岁才应该做的事。"

我为他的话动容，心里瞬间泛起一阵心酸。对于一些不求上进、整天浑浑噩噩的人来说，他们又会作何种感受？你还在疑惑生命是多么的无趣和空虚，把时间浪费在无度挥霍中，然后哀叹自己活得毫无意义吗？死气沉沉、天天看视频睡懒觉、上学旷课考试逃学的人，是无法理解奋斗的价值的。

我曾在某本书中看到这样一句话："这个世上没有绝望的生活，只有面对生活而绝望的人。"是的，生活并没有对错，就看你对自己的生活抱有怎样的态度。如果用乐观去面对，那么生活就充满了精彩和希望；如果用悲观去面对，那么生活就会黯然失色，如同没有星光的夜晚。对于生活，你永远都不能绝望，不管遇到多大的挫折和坎坷，都要乐观地面对，努力生活下去。

在现实生活中，永远没有一帆风顺的事，每个人在前进的过程中，都会遇到一些困难和挑战。这确实让人感到沉重，感到压抑，甚至连呼吸都会变得困难，好像自己真的陷入了绝境，仿佛人生真的走到了尽头。然而，事情的发展往往并非如此，绝望中也常常萌生着希望。有时候，看似无路可走，实则柳暗花明。只要你绕过这片沼泽，就会发现前面有更加广阔的天地。

你不能因为结局无法预料而放弃努力，更不能因为路程的坎坷而怠慢生命。其实困难和挫折，根本没有什么，快乐和痛苦，其实也没有什么。无论有什么样的艰难和困苦，明天的太阳依然会升起来。所以，没有努力过的人生，只能算是虚度时光，你应该在自己的生命中，努力活出精彩，才不枉来这世界一遭。

有人说："时间像一把利刃，无声地切开了坚硬和柔软的一切，恒定地向前推进着，没有任何东西能够使它的行进产生丝毫颠簸，它却改变着一切。"我们确实无法阻止"日月盈昃"，但可以在有限的时间里，做一些有意义的事，充实自己。

■ 未经努力过的收获，体会不出它的分量

随着科技和经济的飞速发展，地球变成了一个大村庄，我们有了更多的机会去开阔视野，认识未知的世界。但越来越多的人，在物质上得到满足后，却更容易产生缺失感。这种缺失感，降低了对幸福的感知能力，让越是容易得到的东西，越不知道如何去珍惜。

"就如没有努力过的收获，怎么也体会不出它的分量。"心理学认为这种现象是人们的行为习惯，因奖惩机制而得到强化或削弱。如果你珍惜一件东西，并不会使你得到更多或更好；那你不去珍惜，也不会因此而失去，那么你就会认为没有必要珍惜。

我所居住的这个小城被评为全国第一批"武术之乡"。每天清晨和傍晚都有超万人的习武大军，分散于各种公园与公共场所，进行着武术套路的练习。由于练武术的人才济济，这让小小年纪的阿董知道了什么是压力。

阿董，他是个非常顽皮的孩子，特别活泼好动，经常爬墙、上房，和我们几个小伙伴一起在弄堂打闹。因为贪玩，7岁那年，他被父母送到了市体校练习武术。本想这样可以让他贪玩的心思收敛一些，可没想到，他依然无法进入练武状态，教练为他操尽了心，他的体育生

涯的初期没有出过好成绩。

看着队友们出成绩，他心里是黯然的。打退堂鼓的想法，随时会冲破他心里最后一道防线。然而，随着年龄的增长，在阿董的心里逐渐迸发出一股不服输的气焰。他慢慢地就像变了一个人似的，性格内向了许多，开始一个人默默地研究技术动作，研究如何提高武术训练的水平，还梦想着有一天能登上世界最高领奖台。

练习基本功很枯燥。扎马步、侧空翻、压腿、弓步，天天如此，由于还不懂得用力技巧，阿董的韧带严重拉伤，痛得他惨叫连连。即便如此，他还是愈战愈勇，习武的热情反而大增。通过不懈努力，阿董获得两个全国武术比赛第一，被选入省武术队。走上专业武术道路后，他的眼界更加开阔，技术水平也突飞猛进，随后在国家级的武术比赛中屡屡获得大奖。

人生就像是一场武术比赛，没有努力就没有奇迹。一个人上场的时候，对手就是你自己。套路中的每一个动作不到位，就可能毁了十几年的艰辛努力。阿董不甘心失败，一直都在拼搏奋战。他想，至少要对得起内心的期望和自己满身的伤痛！那些来之不易的荣誉是拼来的，它们的分量可谓沉重。当然，对于阿董自己的生活，他也同样懂得珍惜。

你付出多少努力就有多少收获。人生的过程虽然充满了竞争，但是其目的绝对不是竞争，在辛苦地学习、工作中不断充实和提高自己，最终目的也不是为了能超过别人多少，而是为了达成自己心中对自我实现的要求，获得成就感和情感的满足。

我童年的玩伴阿董，现在互相联系甚少，毕竟各自的生活轨迹不同，交集也就少了。在媒体工作的我，每天也都在努力"拼搏"。当然，这种拼搏的周期很短，它从早上开始，半夜结束，日复一日，永无止境。这也是"日报"，每天的工作流程，采访到撰写、编排到校印，忙碌的工作周而复始，如一台机器般运转。因为太过忙碌，我对生活上一些不需要特别努力的项目开始松懈。

比如每天的家务，由于没有过多的精力去整理，家中状况实难入目；又比如着装，繁忙的工作几乎占据了所有的时间，没有什么业余生活。逛街买衣服这类的事，基本没有时间去做；还有亲人与朋友间的情感，也无暇顾及。对于媒体人的生存状态，我的体会就是：干着自己的工作，忙着别人的事。

在工作中，同事都说我很勤劳，工作积极，态度认真。上司夸我实在，只要我办事，他就放心。不仅要完成自己的工作，经常还要帮助别人。有时，上司拍拍我的肩膀："有什么觉得不好的地方，你就说出来。"我总是摇摇头："没有，我觉得一切都挺好的。"

但在我跟朋友一起出去玩的时候，总是觉得被忽视，用网上的一句话说："蹲下来系个鞋带，抬起头发现，她们已经说说笑笑走远了。"点菜的时候，菜单还没经我的手，桌上的菜就已经点满了。吃饭时，好不容易插了一句话，却发现自己的话根本没人接。

瞬间，我感到自己原来是个"透明人"。为什么我在朋友间那么没有存在感？无非是我独立的性格，与几乎"狂热"的工作态度让自己丧失了朋友。我没有时间整理自己的生活，又有谁会走进我的生活为我整理呢？我甚至觉得，连自己都爱得不好，又怎么能去爱别人呢？

也许你也有同感，在生活中只是一味地向前走着，看着自己好像很努力的样子。可是你连自己的生活都照顾不好，又怎么能在工作中做得更好呢？有时觉得自己很努力，其实单一的努力是不够的。别以为友情这种东西，反正都是在那里的。需要不需要精力去维护都不会有什么损失，可实际上它也是需要用心去经营和维系的，更需要去珍惜。

未经努力过的收获，你是体会不出它的分量。人都有一种心理，对轻易得到的都不会珍惜，自然对身旁的友情，也不会格外在意。而在其他的事件中，你若也是没有经历艰辛付出，那又怎么会知到其中滋味。

■ 你必须承受住成功之前的寂寞

雨悄无声息地下着，时值冬天，天气阴郁又寒冷。望着空中飘洒着的雨丝，我站在一棵梧桐树下，不禁打了个寒战。抬起没有打伞的手，紧了紧衣领。我看了一下天空后，又继续低头走着脚下的路。我必须告诉自己，在未成功之前，一定要承受外界的寒意与内心的寂寞。

寂寞是我生命中不可缺少的组成部分，它伴随着我的整个成长过程，让我逐渐懂得如何成熟。人并不是成长就能成熟的，成熟是要具有磅礴的大气和平淡的心境。而当我困惑时，必须抛开身边所有的人和事，走进自己的寂寞之中。

从黎明中盼来崭新的一天，是寂寞让我成熟，让我学会在失望、悲伤、彷徨时，能清楚地听见心灵的声音。因为有了寂寞，才能学会放弃不属于自己的东西；才能独立，拒绝别人的帮助；才能成长，内心变得强大。

只有经历过，才知道强者会把寂寞当成"垫脚石"，而弱者却把它看成是"拦路虎"。很多人会说自己的生活寂寞，除了直线就是方块，不是工作单位就是照顾家里，枯燥单调，了无生趣。可内心强大的人，不会觉得日常工作的单调和按部就班的生活无聊，反能令其安心于对事业的追求。

孙峰老师一直是我敬仰的人，他至今还在教我英语。在这之前，他是我的语文老师，几十年如一日围着学生打转的他总觉得工作是一份充满希望的事业，每当他送走一批学生，又换一批新学生的时候，陌生与好奇感就会充实于他的教学生涯。

同学们亲切地称他为"山峰"老师，他任教于语文课，主编一份校园内刊。知识渊博如大海，让学生们对他无比崇拜。而他也在不断地给自己充电，研究文史成了他的业余兴趣爱好，虽然求学的路上会有诸多寂寞，可那份额外知识的获得，着实让他宽慰与满足。

每当深夜还在挑灯苦读的他，渐渐地习惯了寂寞。学习已成了他的习惯，只要拿起桌案上的书籍，他就十分沉迷地进入书中的世界。作为一个 20 世纪 60 年代出生的人，英语一直是他的软肋，虽然高级教师的资质他已拿到很久，又自考了在职研究生，可他并不满意自己的这些小成就。

啃起英语这块硬骨头，才是对自我挑战的真正开始。外语基础薄弱的他像学生那般制订了学习计划，从一年的目标，到每月完成量，以及每天所需要预习和复习的英语内容，都被满满地排在一本笔记本上。

临睡前是他最开心的时刻，因为满满的计划都被打上了完成的红钩。对于自己的辛苦付出，孙峰老师一点都不觉得累，反而十分有种成就感。看着那一条条计划被完成，他欣喜无比。至于学习的成果，他都无私地分享给学生们，如何记单词、如何运用语法、如何阅读英语故事、如何写英语论文，点点滴滴的经验汇成了一个良好的学习系统，让不少学生从中受益。

然而，学校的教务处总是无法搞清，孙老师带出来的班级，为什么每年的学习成绩都是年级第一。其实，这不是什么秘密，只是孙老师言传身教的结果。他正是利用了"教学相长"的原理，比别人更能吃透所学知识。

很多人都不知道，每天他都要挤出四分之一的时间来学习。每晚，他的房间内总会准时地亮起一盏读书灯，给他照明的同时，也照亮了他的未来。现在快要退休的孙老师，为自己找了一份"对外汉语培训"的工作，教外国人说汉语。

作为语文教师的他，这是最好不过的工作了。他也通过努力，啃下了英语这块硬骨头，并获得雅思高分。只要有人向他求教语言方面的知识，他均乐于相助，为此他也结识了很多的朋友，包括一些外国朋友。

现在教我英语的孙老师，总会调侃自己"转型"成功，只有我这位与他几十年为师为友的学生才知道，他的"转型"其实付出了很多人想不到的辛苦。他总是乐观豁达地说："人生一定要耐得住寂寞，要经受住挫折，把每一个低谷当成创造新高峰的起点。即使处于低谷时，也不要气馁，更应奋发向上，积蓄力量。"

孙老师的故事激励着我像他一样努力上进。耐住寂寞，在寂寞中成长，就会发现自己能拥有可以改变一切的力量。可忍受寂寞，并不是所有人都能做到的。兴许不被人理解，甚至会被人嘲笑讽刺。想一想，在实现过程中没有人相陪，没有人嘘寒问暖，别人会投来不理解的冷眼，更是让人心寒。

可人生就是一个向上攀登的过程，在这个过程中要忍受寂寞，目标就在眼前，不能因为受不了寂寞而放弃，不能因为一点点疲劳而辜负前面所有的付出，一定要坚持到底。有目标的人就可以忍受寂寞，与自己的孤单做伴，向着心中的目标前进，拥有一颗坚定的心就足够。寂寞会让人变得更加冷静，思维更加清晰。忍受寂寞是一种本领，这本领不易学，坚持下去必为高手。如果你做到了，你一定会攀登上成功的高峰。

所以，成功是属于耐得住寂寞的人，没有寂寞的考验，不可能取得成功。你们必须承受住成功之前的寂寞，独守一份清静，甘受一份落寞，在寂寞中慢慢成长走向成熟。在冬雨中独行，并不代表我是孤独的。寂寞不会让人忧伤无助，实际上它是成功不可缺少的一部分。虽然它会折磨人，可它更能磨炼人。

■ 你不努力去争取，机会就青睐别人

在人生的每个阶段，是不是总有一些人比你付出得少，却比你混得好？确实，有的人付出得少，却能收获比你多，但这不是普遍现象。普遍现象是你越努力，获得成功的机会就越多。也就是说，机遇总是青睐那些有准备的人，而不是懒散的人。

如果没有人欣赏你，那就先学会自己欣赏自己。在这个过程中不是让你自负而是让你懂得自谦，寻找自己的不足，从而努力改进自己。当你懂得了自己后，也就让世界读懂了你。成功的机会对于每个人来讲，都弥足珍贵。如果你只是坐着空等，还不如奋起拼搏。

在我的身边总有这样的人，认为他自己是这个世界的主宰，并抱着一种扭曲的想法，对自己犯下的失误，不仅不自责、不自纠，却还"阿Q"式地大言不惭："你们等着吧，等到机会来的时候，我就会时来运转，让你们所有人刮目相看。"

事实上，机会是不会主动光顾的他们的。就算有千万分之一的机会，幸运女神眷顾于你，也只能帮你一次。人生的道路很长，未来的路你还得自己走。可话又

说回来，并不是所有抓住机遇的人都是人才。有的人因为搭上了机遇的快车，顺风而行。有的人却错过了它，终生未能实现自己的梦想。故而，机会还要需要努力去争取。

当天赐良机时，必须要先做好迎接它的准备，用自己的聪明才智勤奋努力，不断进取，踏踏实实地耕耘，才能获得成功。当机遇敲门的时候，你要是犹豫着该不该起身开门，它就会去敲别人的门了。当机遇发现你并不准备接待它的时候，就会从你的眼皮底下溜过。其实在生活中到处存在着机遇，只要你留心，就会发现它。而能否抓住机遇，是一个人成功的重要条件。

我的同学管梅，在同学中是最让人羡慕的一个。她在研究生毕业前就接到了好几家大型企业的橄榄枝，其中不乏会计师事务所、地方银行、财务机构等，最后她成功签约了一家银行。同学们向她讨教求职过程中的技巧时，她十分轻松地说："优秀的学习能力、清晰的职业规划以及待人真诚。"

早在开始读研的时候，管梅就为自己的未来发展做了一个规划。她认为自己的性格比较外向，并不适合长期从事研究工作，毕业后大抵会选择就业，而非继续攻读博士学位。为此，在校期间，她无论是在课程上的选择，还是能力上的培养，都偏重于掌握应用性技巧。

在找工作的时候，管梅也曾茫然过，她和大部分毕业生一样，面对严峻的就业形势而到处撒网，后来她发现，想要在茫茫人海里发出光芒，就必须提前做准备。她给自己做了一个比较清晰的职业规划。她根据自己所学的经济学专业的特长，广泛收集相关行业信息，在了解具体岗位要求的基础上，选择了银行，放弃了事务所、财务部门等行业。她觉得银行更具有挑战性和前景，银行业内的理财业务也是她想拓展的方向。

对于求职过程中的笔试、面试，管梅倒是没有多少心得，但她一再强调，需要真诚。在笔试时，她碰到了一道题，大意是两个商人销售相同的商品，其中一人采取了降价措施，而另一个人则是用了另一种促销方式，问谁能获取更多的利润。她觉得，在非 A 即 B 的选择上，答案不是最重要的，关键是在于解答过程中表现出来的个人思考的能力，要让考官知道自己是否能合适这个职业。后来，在解答中，管梅采用的方式是尽可能清晰地表达自己的思路。

现在大企业在面试时越来越流行集体面试，在很多个求职者一同接受面试时，会出一些共同完成某项工作的问题，从中观测应聘者在团队中的作用。管梅在这之前就做了充分准备，她可以毫无顾虑地在考验中展示自己。早做规划，未雨绸缪，给你力量的人就是你自己。

每个人都是有潜力的，给自己设立一个目标，并告诉自己："我能行！"那你就真的行。面对机遇和幸运，能让你有所作为的，并不是机遇和幸运本身，而在于你已经做好了充分的准备，你才是自己真正的救星。

就像法国的 L. 达盖尔，他开始只是一位风景画家。当时绘画界流行一种工具，叫暗箱，它能辅助风景画师们透过镜头，将反光镜中的景物反射至箱顶的磨砂玻璃上，然后在此块玻璃上铺上画布作画。一次偶然的机会达盖尔发现，昨天留在暗箱上的画布隐约有树影。他就产生了把这个暗箱玻璃上的影像留在画布上的想法。

经过 8 年的探索和试验，他终于成功地拍摄出一幅自然光下的静物片。就在 1837 年的这一天，达盖尔的"暗箱"摄影法揭开了世界摄影史的第一页，随后就诞生了照相机、感光片、冲洗机、定影水等相关产品，摄影也随之开始普及。

机遇不是那么容易就被抓住，还得讲究策略，把握最佳时机。搞学业也好，搞事业也罢，如果你做好了准备，机会来临的时候，你就能事半功倍。机会总是青睐那些有准备的人，当机遇来临时，准备得越充分，成功的机会也就最大。

所以，你不努力去争取，机会永远就是青睐别人的，有准备的人才有更大的机会抓住成功的机遇。做任何事情都要事先准备做好计划，下足功夫，等要用的时候就不会力不从心。没有谁比你更幸运，只是比你幸运的人比你更努力。机会不完全是靠运气，还需要靠个人努力地去争取。

■ 真正的勇敢就是努力到感动自己

人的生命是曲线向上的，如果没有时间去享受心旷神怡的地方，那就做一个用心生活的人，发现身边那些平凡而细微的美，这远比别处的美景更容易让人有幸福感。

当我们的青春逝去，围炉而谈的话题，由曾经豪言壮志的理想，转变成了奶粉、孩子、家人的时候，我们不得不接受岁月的无情，生活的不易。同时感叹，为什么美好的青春总是稍纵即逝。

本来就没有什么完美。当看清世界不完美的真相后，你要勇敢直面自己的人生，往往感动你的，是你自己为之努力付出的曾经。

一觉醒来，当我从镜子里，看见自己沧桑、略显苍白的脸时，就知道有些时间，是无法再回来的。我的白发也如母亲头上的银霜一般，在乌丝中显眼地钻出，那个年轻、充满青春的我已然离去。岁月就像一把无情的刻刀，改变了我的模样。虽然已到年轻时向往的未来，可并没有拉近我与理想的距离。

现在，我需要接受自己的平淡。当初与我同样拥有梦想的朋友们，也都有了不小的变化。工作几年之后，我们的生活就开始各自定格。当年那个球场上叱咤风云，并梦想着进入国家足球队的志伟，现在开起了自己的公司；当年抱着吉他准备闯进乐坛，此生都要与音乐相伴的小袁，现在当了一名小学音乐老师；当年舞技高超，想要跳一辈子民族舞的小雅，考上了公务员，成天忙于公务。

年轻时的我们都有很多梦想，努力地想感动别人，但最终却不得不在现实前面低头。虽然到了未来，我们都是平平常常的人，没有干过惊天动地的大事，那么就做一个平淡的小人物，给一个可爱的小孩做父母，给一对慈祥的老人做孝顺子女，给你的另一半一个简单而幸福的人生。这也是一种勇敢，在青春时你努力拼搏，然后勇敢地安于平淡。

不管在哪个年龄段，都应该努力地生活着，热爱生活并感动于自己的付出。记得我第一次独自旅行的时候，并没有想象中那么兴奋。我坐在列车靠窗的位置，原想欣赏沿途的风景，可旁边位置上却来了一位西装革履的大叔，他戴着老式金边眼镜，皮鞋擦得锃亮。

我自顾自地看着窗外的风景，大约过了一刻钟，身边的这位大叔开始与我搭讪："小姑娘，你一个人出远门呀？"

也许我长得弱小，但我那时已20岁，怎么也不像一个离家出走的小姑娘。我回答他说："我给自己订了一个计划，想独自去一个地方旅行。家里父母也很支持，因为我长大了，也是需要独立的。"

大叔缓缓地看着我当时稚嫩的脸，还在怀疑我的年龄。过了一会儿他对我说："年轻真好呀！可以想去哪儿就去哪儿！"我转过头，好奇地看着他，并不能理解他为什么要向我叹气："您也年轻过啊，不是吗？"

"你出门是为了游玩，我出门是为了工作。天南海北四处奔波，每天都做着机械运动，我疲倦了，比不上你年轻人。"大叔感慨地继续说道："我年纪轻时，哪像你们现在这样，开个房车，支个帐篷去露营。长大后我和朋友做生意跑销售，只要是地图上有的大省份几乎都去了个遍。"

我笑而不语，只是点着头，附和着。这位大叔好像打开了话匣子般，滔滔不绝地说起了他的故事："那时候可真是潇洒自在呀！想上哪就上哪，没有钱就搭顺风车，买不到火车票就逃票，我可都是穷游，哪像现在的孩子出个门都要父母资助。"接着他话锋一转说："年轻时候再疯狂，最后还是要归于平淡。你看我现在每天为了媳妇和儿子，为了家里那些柴米油盐奔波。小姑娘，你可别把出差当成旅游，这可是重复而又索然无味的事。"

大叔有点黯然神伤，也许勾起了他曾经美好的青春，也许叹息自己现在的人生不够精彩。我知趣地将目光转向列车的窗外，看着那些奔跑过车窗的风景，以及远处不变的地平线。此时我想：人生最难做到也最有意义的是，当你认识到自己是一个平凡人的时候，还能去努力做好一个平凡人。

就像我们一直在努力生活着。年轻时喜欢选择方向，专注地浇灌着自己的理想，希望能在未来实现自己的人生价值，但渐渐长大后慢慢地醒悟，自己不过是一个平凡的人而已，可是你的努力并没有白费。你那么努力不是为了感动别人，而是为了让自己能拥有一个美好的未来。

现在你必须要有勇气接受自己是一个平凡人。虽然都想在岁月中越变越好，所有的努力，都是为了自己内心真正的追求，这是有价值的努力，它也一点一滴地到达你的内心，变成了你应对这个世界的能力。

所以，真正的勇敢就是努力地感动自己，它来源于内心深处，就是对于那些无法立刻获得回报的事情，依然能够保持十年如一日的热情与专注。一花一世界，一叶一菩提，真正的努力是遇到挫折，依然满怀激情地去挑战它，人生就是曲折并且积极向上的，如土地上生长着的植物，花有花的世界，叶有叶的天地，你的世界由你营造，你的努力必将感动天地。

■ 努力后，才会发现了不起的自己

我深信，这个世界上所有的东西都是有生命的，因为它们存在即是合理的。我又深信，植物是有思想的，因为它们知道哪里有阳光，并努力地为自己的生长而找到合适的环境。人类从第一次呼吸这个世界的空气开始，也一直在挑战自己。于是，我们学会了爬行、学会了走路、学会了说话、学会了生存，每一次的成功都是在超越自我，为了让自己更加优秀。

每一个优秀的人，都有一段不堪回首的时光。或许是因为一份学业、一份工作、一段爱情，或是离开了爸爸妈妈，去了一座陌生的城市。当你厌倦了的时候，想一想你的父母正在为你打拼，这就是你必须坚强的理由。不管发生什么，记住不是只有你一个人在努力，所以不要轻易放弃。独自在外面，很不容易，拼的就是坚强。

多年前的一个夏天。朱烽再三考虑后，选择了报考美术专科学校。由于艺术生需要提前考试，还在教室里做试卷背诵课本的我们看着朱烽天天往美术楼走，为他拥有特长而羡慕不已。当高考的脚步越来越近，教室的黑板上挂出倒计时，所有人都诚惶诚恐地躲进自己课桌前那一摞高高的教科书中，拼命做着各种"真题"试卷。

可朱烽显得那么轻松和自在，他好像对自己所考的美术学校已十拿九稳，在大家都进入总复习阶段的时候，他却与我们越来越格格不入，因为他并不需要像我们这样与"题海战术"进行搏杀，他常常在美术楼或自己的座位上发呆，一副无所事事的样子与课堂上紧张的学习气氛成了对比。

不论用什么态度面对，最终决定人生的"高考"还是如期而至。但在艺术生考试结束后就再没有见过朱烽，当时都忙于各自的学业，就渐渐地把他给忘了，也不知他是否考上了美校，也不知为什么他不来参加文化课的考试。

直到最近，我高中的班长不知从哪里打听到我的联系方式，邀请我参加那一届的同学聚会。聚会的地点在旧时校址的旁边，由于原来的母校易名后又遭拆迁，让我们这些曾经的学子，如同丧失了记忆般的孩子，费了好大的劲儿才找到原本所在地。

班长在聚餐时高举着酒杯，热情地向老师再三敬酒，好像之后就再也不会见面一样。席间不知谁提了一句："怎么没见朱烽来？"

"朱烽？"这位"失联"太久的同学，竟然还有人记得他。我也好奇地问："他，现在应该成了大艺术家了吧？"这样的猜想全是来自先前那一点对他上美校时的记忆。

"什么艺术家呀！现在他是大企业家！"不知是哪位老同学，站起来高声地说道。

"他当初不是考了美校，也不知道考上没有？"有人开始讨论起他来。

知情的同学，开始向大家讲述朱烽的故事。

原来，满怀艺术信心的朱烽，并没有顺利地参加考试。他在临考试前因眼部受伤而被送进了医院，他的美术天分也未能发挥出来。错过了高考的他，对自己失去了信心，没有继续求学。在我们都为大学的生活而欢乐自在的时候，他却为了自己的生计而走上了自谋职业之路。

由于学历低，没有一家企业招聘他，好不容易托亲戚在熟人的工厂做临时工。而这份临时工需要每天上三班没日没夜的倒班，还是个孩子的他，吃不了这份体力上的苦。接着又跳槽去了另一家企业做销售。

销售，真是一个能锻炼人的职业。除去大江南北地接见客户外，还需要有一套让人信服的营销手段。为了能让自己成功，朱烽咬牙挺着，曾经不爱学习的他拿起了久违的书本，学习英语与数学概率，并热衷名人的励志故事，他称之为给自己"能量"。

现实世界总有喜有忧。失败如家常便饭般被端上了朱烽的餐桌，有时好几天没有一个客户，这时他总安慰自己："我还不够优秀，所以没有人理会我推销的产品。"当然，也许他一辈子都达不到足够优秀。可是他却有改变自己的信心，他有将自己变得足够优秀的想法和行动。

　　现在拥有两个企业的朱烽太忙了，他忙得都没有时间来参加同学聚会，而我们还围坐在一起，用轻描淡写的方式，来谈论别人努力的经历。不知现场的其他同学，是否有和我一样的感触，让自己成长的最好方式就是让自己优秀起来。

　　在社会的眼中，眼泪是最廉价的。有人会不厌其烦地抱怨社会，宣泄心中的不满，总觉世道不公，社会阴暗，却很少静下来反观自身。黑夜不能吞噬你的光亮，相反它会让你显得更加光彩。求人莫若求己，与其把命运寄托在一个虚无缥缈的荒野上，不如牢牢地攥在自己的手中，不要奢求社会的同情和眷顾，有了实力，你才能赢得主动。唤醒心中的巨人，让自己优秀起来。

　　有些所谓的伟人，或许只是还没有长大的人，或许正因为有着孩童般的心灵，才做出了伟大的业绩。伟人或许能够随着时代潮流和年龄的增长而不断调整自己，随机应变，这样才能胜任与时俱进的伟业。伟人或许像是一些少女，她们被施以魔法，她们生活在无垠的虚幻世界中，所以才做出特立独行的事业。

　　当你努力后就会发现，世界上还有个优秀的你。所以，不要辜负美好的时光。世上没有永恒的夜晚，也没有永恒的冬天，一切都会过去，但一切也都会重来。人生有喜有悲，有得有失。不同的经历使人成熟，变得坚强，懂得珍惜。就算一棵树苗，它尚且能利用自然的阳光与雨水，为自己寻找合适的环境而长成参天大树，那么你呢？没有走不通的路，没有过不去的坎。做自己喜欢的事情，超越自我。

第二章

你所期待的生活，是你即将努力的方向。每个期待对于个人而言，都意义非凡，无论是对未来的期待，还是对事业、成就和幸福的追求，但在期待美好未来生活的同时，不要看轻自己，不要认为自己这辈子没有什么大作为，那样你是无法得到自己所期待的生活的。

■ 你期望的将来只能自己给

在人生的道路上，很多人觉得迷茫。如果你觉得迷茫，现在就不努力，那么你终将一事无成。如果你觉得迷茫，但是坚定地做好现在的事情，那么你终将变得不再迷茫。看不清未来，就做好现在，你期望的将来只能自己给。

要知道，越是黑暗无光的暗夜，越是星光满天。只要你现在努力，生活就会越来越好，如果你只看到，却没有得到，那么你不仅失去现在，还会失去正在到来的未来。不要对生活哀叹，暗夜之路的漫漫，也不要对自己的人生抱怨，光明为何迟迟不来。每一点星光都是几十亿，甚至上百亿光年的距离，就像你的未来，必须要先经过黑夜，才能到达明天。

也许每个人对自己的未来都有一定的期待，期待拥有美好的生活、蒸蒸日上的事业、圆满的成就。可现实总不如人愿，很多人把自己的能力低估，从而做出不自信的表现来影响着未来发展。性格内向的小丹，是与我从小一起长大的玩伴，她的父母都是住在农村的农民，家庭亦十分贫寒。而她遗传了祖辈们的基因，在相貌上没有一点优势。这些让她很自卑，我们在一起学习的时候，常常会看见她独自郁闷、情绪低落。平时，与其他同学交往上，她也时常为了刻意掩饰自己的缺点，而迷失自我。

人生当有不足，留些遗憾，反倒可以使人清醒，催人奋进。这也是生命的可贵之处，就是让你看到自己的不足，然后坦然地自我接受。不必纠结于外界的评判，不必掉进他人的眼神中，不必为了讨好这个世界而扭曲了自己。

我曾告诉小丹，一个人的人生起点，都是由不得你选择的。而人是有能力改造环境的，那么就没有必要去过听天由命的日子。只要脚踏实地去做人做事，你自然就会少一些困惑，多一些坚定。果然，这位小丹同学经过自己的努力，从一个农民的孩子奋斗成了清华大学的学生，现在她已是留校的博士后，而且能够从清华这个平台，奋斗到更高、更为广阔的学术领域。这是她从心底里相信自己，通过努力，成就了自己的未来。

是的，你的未来只能通过当下的不断努力，而去逐步实现。今天永远只是你的起跑线，而明天才是你所拥有的辉煌舞台。不要害怕自己的付出得不到回报，对于那些不甘于平庸的人，每个日夜都在做着努力与搏斗，在没有成功之前的日子，你必须在孤独与静寂中自我斗争着。

"未来要靠自己。"功夫明星阿杰在作校园巡讲时如此告诫现在的大学生们："人生的困境、失意就像机器一样，总会有一天坏掉，还是该以平常心面对。我的头衔很多，武术冠军、优秀演员、慈善大使，这些都是别人给的名号，我从来都只是我自己。"当时有一名大学生希望自己能成为他的徒弟，并要求阿杰在电影中为其安排角色时，他只说了一句："你不要求任何人，未来只能靠你自己！"

对于阿杰来说，他高调的一生也是在不断地努力和奋进中成长的，他是全家最小的孩子，父亲去世后，母亲一人挑起了抚养五个孩子和两位老人的生活重担。不幸的家庭，让他更加懂得珍惜已有的生活，9岁获得中国武术大赛冠军后，连续五年拿下全国武术冠军，这是他通过无数次的受伤与苦练的结果。

"永远地超越自己，挑战自己。"他用自己的传奇人生告诉了我们，人的意志和精神能催生出坚不可摧的力量，它让我们更加勇敢而从容地面对生活。进入影视事业后，他仍然这样做，坚持着自己的梦想，并努力实现着自己的未来。他说："就算不能梦想成真，但那个时候积累的能量，在未来的任何场合对我都有帮助。"生活从来都不是一帆风顺的，成功从来都不是唾手可得的。没有谁的命运，不是掌握在自己的手中，关键看你用何种态度来对待你的命运，如果你现在努力付出，那么也就能在将来收获成功。

可在现实中，我们的努力又常会受挫，就像一只被泄了气的皮球，不断地撞向墙角，并且在墙与墙之间反复弹开，不管被弹开多少次，我们也不能成为这只皮球，否则你一辈子只能不断碰壁。此时的你，如果还在困境中徘徊，并放弃了努力，那么失败就会缠绕你；如果坚定地做好现在的自己，那么终将走出困境；如果你还不能看清自己的未来，那从现在起认清自己，把握好自己的命运，你的将来只能靠自己给。

你所期望的将来，只能通过自己的努力来达成。所以，这世上是没有一条道路从一开始就能抵达巅峰。同样，没有一条道路不是用自己双脚徒步走完的，在此行走的过程中，唯能通过自我完善来应对现实的各种困难。即使你身陷艰难的绝境中，也能从曾经的经验中帮助你找到出口；即使你正迷失在暗夜、挫折中，也不要对未来失去信心。请相信，每一个暗夜都是为了一个更好的白天所准备的，依靠你散发的独特能量，必能迎接一片明媚未来。

■ 有什么样的梦想，就会成为什么样的人

　　自然赋予人类生命，而我们将生命都交给了梦想。我出发去内蒙古时，只知道额济纳旗有成片美丽的胡杨林。我要去看胡杨不过是一种信仰的崇拜，胡杨拥有一种对恶劣气候不低头的顽强。我的愿望，仅是能目睹它在无常风沙肆虐里，依然选择挺立的精神。

　　从申城飞机场以直线距离到达两千公里以外的嘉峪关，并马不停蹄地在荒无人烟的戈壁滩上行车 6 小时，所幸天黑前我住进了额济纳旗的乡村旅馆，当夜在每年才下一次雨的戈壁里，我遇上了雨季的寒流，顶着漏雨的卧室和门口被狂风掀起的帘子，忐忑着第二天能见到什么样的胡杨。或许秋雨扫去黄金般树叶的胡杨林成为"满地黄金甲"，或许能看见别样的胡杨横卧在戈壁沙漠中独树一帜。

　　不管我有怎样的想象，都无法阻止第二天的阳光。我见到了真正的胡杨那片金黄而灿烂，它们弯曲如虬的枝干，倔强地直指蓝天。苍黄、龟裂的树皮热烈地向外凸显，张扬地展示着自己。我用手抚摸树干，这龟裂的树皮，是沙滩干旱留下的创伤。我似乎触碰到了雨雪风霜刮下的刀痕。在这悠远与深邃中，一股暖流从我的手

掌传到胸中，在心头涌动、起伏、翻滚。

如果我没有拥有想看胡杨的愿望，今生我也不可能到达这片无人区。如果我没有梦想，那么我会甘于自己平淡的生活吗？也许我错了，平淡的生活，可能就是我的梦想。而在选择自己平淡生活之前，我是否有一点点想法？这个想法不是太大，也不是宏观的理想，它仅是我的一个小小梦想呢？如果是你，你会去实现它吗？

你拥有什么样的梦想，就将会变成什么样的人。可能很多人和我一样被网络流行的最具情怀的辞职信打动过，那封信只有一句话："世界那么大，我想去看看。"写下这句话的是河南省实验中学的一名教师，如今的她可谓实现了自己的梦想，并在旅行中遇见了自己心爱的人共赴人生旅程。

也许有一天，你会像我一样丢下所有的疲倦和理想，带着相机和书本，远离繁华，走向空旷，就像走进戈壁去寻找心中的胡杨一般。大多数人想过辞掉手上的工作，去看看这个世界。但绝大多数人都没有勇气去实践，就是说人人都有环游世界的梦想，想用身体力行去感受这个世上的一花一树、一草一木，却鲜有人能实现。

而河南这名女教师却抛开一切，去完成自己的梦想。她勇敢地完成了自己梦想，并成为她想成为的那个人，用旅行去感动自己。而她的这一大胆的行为，也感动了社会，感动了一批拥有梦想，而没有勇气为梦想迈开步子的人。

"我每天很努力地工作，所以我值得拥有这样美好又温馨的旅行！"这句话是我一位喜欢摄影的朋友吴军说的，他刚从北极回来。当我看到他拿出来一套以"北极光"为主题的摄影组照时，很为他自豪。同时，也迫不及待地追问他，举行个人摄影展的时间。

朋友吴军可称得上是我所认识的摄影师中的佼佼者。拍摄出令人满意的照片，是所有摄影师的梦想。也有摄影师喜欢追求刺激和不同寻常，现在虽是全民摄影的数码时代，可一些"唯美主义"的拥护者，还是坚持用机械的胶片相机进行摄影作品的创作，还自设暗庑进行后期制作，他们用自己的"手艺"决意远离这个数码的世界。

拿起相机，要拍出一张好照片，和相机后面的镜头息息相关。严谨的摄影师拍摄一张照片不是随便按几下快门就能完成的，而要进行构图、测光、对焦等一系列复杂的工序后，才会按下相机快门，这就需要在相机后面的人，运用自己才智对相机进行控制，从而达到创作结果的完美。

在我们聊天的时候，吴军表现得很羞涩，与他征服北极的勇气与胆量不相匹配。在我们谈论他拍摄"北极光"这组照片时，他温文尔雅地告诉我，去北极是他很早以前就有的梦想，他眼中充满憧憬地对我说："那时候，据说看见北极光的人会得到幸福。"

"那么，现在的你看见了北极光，是否已经拥有了幸福呢？"我接着的问话，令他暗自发笑，他微笑着说："哪有不通过努力就得到的幸福，看见北极光不过是一种幸运。在现实生活中，梦想就像一座方向标，它不过是指引着我，最终的梦想还是要自己去现实。"

唯有撒下梦想的种子，才能收获梦想的果实。你的心有多大，梦想就有多大。就算一个看似不可能完成的梦想，当你坚持后也会变为可能，只要时间不止，生命不息，梦想就永远没有尽头，你能到达什么样的未来，梦想就会将你变成什么样的人。

真正的梦想是一种期望，虽不能拥有，但却能推动你去实现它。它是你心境的反映，虽不是外在的华丽，但它却是你永远的朋友。一个人有了梦想，就会定下与此相关的目标，并一步又一步地去实践。在此，努力就成为你手中攀上梦想天堂的云梯，也许很长、很窄、很危险。是的，唯有坚持到底的人，才能与自己的梦想握手。

不是所有的人，都能成为自己想成为的人。有成功也必有失败，不要因为错过了什么而懊悔，就因为你错过了，别人才有机会遇见。别人的过失，也可能是给你创造机会。每个人都会错过，真正属于你的，永远都要去努力把握。

所以，有什么的梦想，你将会变成什么样的人。把自己的梦想当成是对自己的考验吧！只要勇敢面对，没有什么可以难倒你的。就像我想见到精神世界的胡杨，虽然通往它的路途中，遇到了寒流与雨雪，但没什么可怕的，这是我选择的路，只有继续走下去才能遇见梦想中的美丽。我成功了！其实，你也可以。

■ 你要昂起头，保持笑容奔向梦想

爱好摄影的人，都有个习惯，就是感觉满意的相片，总会冲洗出一两张，放入自己制作的影集中，以便随时翻阅。我最喜欢的就是其中一组家庭相片，那里有一张我站在泰国芭提雅海边微微仰起下巴吹着海风的照片，每次看见它时，都觉得积极而又向上。我想，只要昂起头，保持着这般的笑容，对未来必将无所畏惧。

勇者不惧。古人说君子三德，不忧、不惑、不惧。可现代人比古人的忧、惑、惧可多太多了。如何挣脱这三种负面情绪呢？人们都看惯了太阳的东升西落，月亮的阴晴圆缺。习惯于春夏秋冬的冷暖与世界万物的改变。

可很难看淡人间的悲欢离合、情仇恩怨，更难将自己的伤心难过之处，看得风轻云淡。

这里的症结就在于"心"，只有一种方式能把负面情绪击垮，那就是积极向上。用心灵来抵御，用仁、智、勇来抗衡。昂起头，改变自己，从这一个小举动开始。给自己的生命一个微笑，它就能还你一个多彩人生。

如果你对自己的未来惧怕，那么你的梦想就会成为你心中的噩梦。你将接受现实与未来的落差，日日夜夜为那些空虚的未来和无助的自己哀叹。没有比丧失心志更能击垮一个人。站不起来的原因，不在于你的脚，而是你能否给脚部以自信的力量。

有时并不是你不想积极，而是身体的某些部位患疾而导致，外部疼痛，才会对生活失去应有的乐观。认识健师傅是在我肩颈炎症发作的时候。他是一位盲人中医。从事着这门家传的手艺——针灸。为了使趴在诊疗桌上接受治疗的我放松，他与我攀谈起来。

他的眼疾是先天性失明，自打出生以来就没有见过一丝光明，更不知道这个世界是个什么样子，但这并不影响他对美好生活的向往。他告诉我，7 岁时他就离开父母，寄宿于盲人特殊学校，一直读到大学毕业，学了中医针灸这门手艺。

由于是盲人，行动不便。诊所里的人都照顾着他，并热情地帮助他。可他坚决不同意，力所能及的事，从不烦劳别人。通过努力，他的针灸技术十分出色，推拿手法，也是深得患者赞誉。挂满一墙的那些锦旗和奖状足已见证他的成就。

"针灸是需要体力加技巧的，特别是技巧。一针下去穴位要准，手到才能病除。"健师傅准备拔出我身上的针时说道："别人下针灸时看得见针，可我看不见，只能记住刚才下的位置，凭的是记忆和对身体穴位的熟悉。"我完全相信他的话，因为从他下针灸后，我的后肩部位就开始放松，现拔下针头后，毫无疼痛感，反而觉得很舒服。下一步是需要在我的背上点火罐引出瘀血，换了个姿势的我偶然看见他诊疗桌肚里，竟然放着两本自制的英语书和一些练习小本子。"健师傅，你诊所里放着英语书，是接待外国患者用的吗？"我好奇地问他。

"英语书？哦，是我在学习英语，今年报了雅思想去考一下试试。"健师傅的话，让我大吃一惊。这可不是我对残障人士的轻视，而是太不可思议了，作为常人的我要考雅思，已是"非分之想"，而对于失明的健师傅来说，更是难上加难。

健师傅笑了笑，他听出了我的怀疑，用自信的语气对我说道："国内没有招收盲人研究生的学校，我想要读研，只能出国。可英语水平不行，我抽空就听一会儿。"

这时我才发现在英语书的旁边还放着一个可以插MP3存储卡的小音箱。

"您是如何做到的？"瞬间，我对他充满敬意。学习英语对于健师傅来说困难不是一般人能够想象得到的，因为专为盲人准备的英语书，可谓少之又少。"我的家人都很支持我学英语，所以他们帮我打印成盲文，我就依靠着摸和听，利用每天零散的时间来学习英语。"

就诊结束，我对他有出国读研究生的梦想佩服不已。一般的盲人能自食其力已不容易，而他还要想着读研究生。从他为病人治疗时始终扬起的头来看，健师傅拥有很强的毅力。一个双目失明的残疾人，不悲观，不颓废，不抱怨，心中充满正能量，始终努力向上，这种精神令我钦佩，也值得学习。

活出一个真正的自己，则须坚强地面对这个世界！人生总有困难和挫折，随着时间转移而不断与我们相遇。既然前方的路一定要走下去，那么就要丢弃懦弱和胆怯。勇敢地昂起头来，拍去身上的灰尘，大胆向前走。在此，你必须学会忍受痛苦、忍受孤独。

成功的希望就在你的自信里。昂起头，你看见的是远处广阔的天空，而不是脚下晦涩的土地。你能看见别人的友善，还有让别人看见你自信的笑容。即使面对极其渺茫的希望，也不要放弃梦想，它会在你的坚持中赢得成功。即使在最黑暗的夜晚，也要坚定信念，充满信心地向前走。

失去双目的人还在寻找着自己的光明，你有什么理由再意志消沉下去？用微笑迎接梦想，为将来的自己创造一些可能。拥有梦想就等于有了自己的目标，就算是不可能完成的任务也变得轻松，也许忙碌与疲惫，会来阻止你，可无惧的你一定要保持着愉快的心情，那样苦涩的滋味就会转化成甜蜜。

所以，你要昂起头，保持着笑容走向你的梦想。就如我独自在书房里，面对满墙的书籍，最让我安静下来的不是任何一部文学作品，而是随手放在最左边书架上的那个相册，里面有我的一个轻松微笑，它就像一道美丽的弧线，既表示了乐观，又表达了坚强。是的，拥有梦想的人让人着迷，而为梦想努力的人最具魅力。

■ 不要在最该奋斗的年纪碌碌无为

每一段青春都是限量版，在你有限的时间里，不要重复无意义的事；不要活在别人的观念里；不要害怕遭受挫折失败；不要在最该奋斗的年纪碌碌无为过下去。有些事现在不做，可能一辈子都不会做了。

慢慢地你就会知道，人生就是这样。要经得起谎言，受得了敷衍，忍得住欺骗，在寂寞中才能守住身边的繁华，在该奋斗的年龄不要选择安逸，在努力与坚持中才能得到胜利。不要让一个糟糕的时刻，毁掉你一串美好的时光，你需要对自己的人生负责。

生活每天都在继续，时间也如流水一样溜走，如不珍惜，你就会失去为自己奋斗的机会和勇气。你明明可以努力的，为什么偏偏要选择一劳永逸呢？明明可以放手一搏的，为什么要平平淡淡过一生呢？已站在20岁尾巴上的天琪，看上去有些绝望。她是我见过最忧郁的女生，总躲在队伍的最后面，马上面临毕业，很多同学都表现出了空虚和迷茫。有的想继续学业，有的想早点工作。更多的人是没有计划和方向，就像看不到明天的希望那般空洞。天琪的学业一向不是很好，继续求学的话，真是为难她，也没有什么合适的职业可以选择。

一些学姐学哥们的工作态度影响着即将走向社会的天琪，她最后却做出了让我惊讶又惊喜的选择。天琪离开了家乡的父母，独自去了"魔都"上海打工。刚开始工作时，她每天晚上都要加班到第二天凌晨两点，这是大都市工作节奏压迫着她，必须努力付出。

"你工作那么忙吗？"有时出于好友间的关心，我会打电话给她。

"其实在单位，没有人强制要求我加班，每天工作8

小时，下班之后就可以回家了，没有完成的工作是可以放到明天去完成的。可是，我觉得刚到单位，需要学习的东西太多了，每完成一项工作，感觉自己能有一些进步。"天琪的想法改变了，可能是环境改变了她，也可能是她自己想改变。

"你打算一直在上海待着吗？"我记得她曾经是那么的弱小，一心想在父母面前做个乖乖女。可怎么也没想到，独自在外的她已坚强起来。

"当初我离开家的时候，父母是十分反对的，可好不容易争取了出去逛逛天下的机会，我怎么能那么没有志气的打道回府呢？再干个几年看看吧！"天琪很好强的样子，与我了解的她，大不一样了。

她就这样每天辛苦努力地工作着，加班到凌晨，坚持了两年多的时间，工作进步神速，得到了企业领导的赏识。而我看到那些说要追寻梦想，要努力工作，要给自己更好生活的人在抱怨工作压力重的同时，却整天抱着手机整天刷着朋友圈、玩着游戏。

那么试想一下，凭什么别人能比你优秀？凭什么别人能比你薪水高？凭什么别人能比你升职快？凭什么别人能比你更有成就感？那么，你是真的努力了吗？

现在已升为部门经理的天琪，强迫自己不再加班。她需要准时回家，给自己充电。我很惊奇地又问她："你还要学习？每天工作的内容不都是差不多吗？"因为她在学校的时候学习成绩并不好，可为什么参加工作后反而让她就能变得如此勤奋了。她自信地回答我："工作不易，不学习就要被别人赶超。"

还有多少人在毕业后保持大学时候的学习习惯？也许你很久没有完整地阅读过一本书了；也许你很久没有进行身体锻炼了；也许通宵的玩乐打断了你的作息，不再早起和早睡了。参加工作并不代表一切奋斗的结束。

正相反，进入社会的你，人生才刚刚开始。难道你会甘于一辈子做一个小小的底层职员吗？主管、经理、高层的职位，不是混个年头就能得到的，而是需要你真真切切地去努力争取得来。

所以，不要在最该奋斗的时候，选择碌碌无为地过。没有人的青春是在红地毯上走过的，经历风吹雨打的你，也许会伤痕累累，但当雨后第一缕阳光投射到你那苍白、憔悴的脸庞时，你应该欣喜。既然梦想成为那个别人无法超越的自我，就应该选择一条属于自己的道路，为了到达终点，付出别人无法超越的努力。

■ 你的未来需要你付出

我们在人生的道路上跌撞前行，为了心中的理想费尽心机地寻寻觅觅。结果不是让人失望，就是让人沮丧，也许你有一些小成就，可还没等亮出自我满足的微笑，就被现实打回原形。时间永不停止，生活还要继续……不能再混了，未来需要现在不断地付出，才能得到回报。

一直觉得在青春期过得很累，总是在想这么下去自己还会不会有未来。有很多的想法都只是昙花一现，明明知道人的生命有限，青春易逝，想的最多的不是怎么去接近梦想，而是反复的不安和疑惑。

命运它会厚待勤奋努力的人，如果你看不到确定的未来，那么不要退缩，更不要惧怕，还是要无畏地前进并努力付出。并不是每一种付出都是在追求结果，也不是每一种付出都能成功。有时在付出的路上能够收获的，是清楚看到了自己想要的，或者不想要的，这又何尝不是一种宝贵的结果呢？

叶宽坐在上海外滩的长椅上，仰望着远处的东方明珠塔，他是在北方一个小城长大的孩子，拥有一些表演的特长。他向往着大都市繁华的生活，可偏偏大学毕业后父母帮他找了一家企业做文职，安逸的生活和稳定的工作，在常人眼中他是"幸福"的，可叶宽不这么认为。

黄浦江边的景观堤上，人流如梭。特别是当傍晚的天空露出青色，两岸华灯初上，壮观而又五彩缤纷。叶宽是我在江边散步时邂逅的一名青年人，可能我也是异乡客的缘故吧。同坐在一张长椅上的我们无意地攀谈起来。"你为什么会来上海？这里人头拥挤，让人无法立足！"我问道。

"我生活的小城太过于单调，丢一块大石头也没什么浪花。与其在那里浪费生命，不如出来闯荡一番。"他说，自己不顾父母的反对，带着一些随身衣服就乘坐高铁，来到了这座国际化的大都市上海。"自从踏上高铁列车，我就开始为生活奔波。"靠在黄浦江边的叶宽说着他的故事，好像是在说别人那般的轻松。

虽然他来上海之前，已做了心理准备，但"上漂"的坎坷，依然远超他的想象。为了生存，他先后打过十几份临时工，做过销售，干过保安，在菜场上卖过水果，在建筑工地上搬过水泥袋。为了能支付城市里昂贵的房租，他甚至还发过传单，贴过小广告。而这一切，他都是为了能干上他喜欢的表演这一行当。

"我在大学里学的是广告策划，可对表演很喜欢，常参加校园里的演出。"当他说这些的时候，脸上有种幸福的感觉。"现在的你呢？找到与表演相关的工作了吗？"迫不及待的我，很想知道他的理想是不是能实现。因为，在这个城市里充满着各种机会，可都是为有准备的人而敞开。

叶宽想做时间自由一些的工作，这不是他想偷懒，而是想多些时间练习表演，他能表演些什么呢？自己也说不清楚，但他有一颗要为艺术而献身的心。他告诉我，收获的第一份与表演相关的工作，是为一家商场做"人偶"宣传。穿上各种卡通造型的外衣，提着广告单进行发放，这种称不上表演的工作，也让他开心了好些天。

"既然你有想为表演事业而努力的梦想，那你有去学过一些专业的表演吗？"我问。他腼腆地低下了头，不太好意思地回答我："算是有吧！"他所说的专业表演是指他仰慕的一位表演艺术家，因这位艺术家在上海，并每周会在沪上不同的剧场进行演出。叶宽也算是追星了一把，几乎每场都不落下。

开演时，每次他都从正门买票第一个进场，由于演出前后台禁止闲人进入，叶宽就留意工人们做舞台布景和一些道具的准备。等演出结束后就主动去找那位艺术家与其交流。时间一久也互相认识，到结束收场的时候，艺术家还会对叶宽这样招呼他："老时候，不见不散！"

精诚所至，金石为开。为人勤快又手脚利索的叶宽，依靠着自己的不屈不挠在剧场内谋得一份打杂的小工。现在的他正向理想中的自己迈进了一步。"你不觉得累吗？"我问他。

"不累，做小工能免费看戏，还能比别人学到更多的舞台经验，我可一点都没觉得累。"叶宽说这话时，心中全是向往。他说："我现在还在做兼职，场务的收入甚微，

/ 第二章 /

090

费用以件计。这里离我的梦想很近，也容易得到一些机会。况且我这么年轻，要做些自己喜欢的事，不然这个青春就白费了，不管现在的生活多么辛苦，只要我继续努力，往后的日子总会好起来的。"

不错，只要你积极地生活，就能拥有美好的未来。现在很多人都急于成功，付出一份努力，恨不得明天就有十份回报，却没有人停下来认真想一想，做事情应该拥有什么心态、采取什么方法，才能把一件事情做好。

所以，想要自己的人生有所获得，就不能再混了，你的未来需要花时间去付出。你没有时间再浑浑噩噩了。时光会懂得你的付出，它像个成年人一样不喜形于色、高深莫测。同时它又像个孩子，单纯得如一面镜子，你付出多少就会让你有多少收获。只有经历了它的酸甜苦辣，你才会成长为一个真正的人。

■ 人生不能交给别人来安排

在人生路上跋山涉水，我们不仅是为了寻找自我的价值。当你走过大千世界之后，就会明白：山有它的高度，水有它的深度，每个人都有自己的长处；风有它的自由，云有它的温柔，每个人都有自己的性格。所以没必要攀比，也没必要模仿，更不能将你的人生交给别人来安排。你只能走自己的路。

世上没有不被评说的事，没有不被猜测的人，随心而行，做最真实的自己。不需要人人都理解你，只要你觉得快乐就应该去珍惜；不需要人人都喜欢你，只要你认为值得就应该去追求；不需要人人都欣赏你，只要你觉得幸福就应该相守。就算当山间的一棵无名小草，没人心疼，也要坚强。

生活就是一条流淌不止的河，当你看淡了，一切都是美丽，看重了一切都是痴迷。没有人能完全感同身受你的成败与得失，你在拥抱这个世界的时候，也没有人能够阻止得了你。不快乐时，没有人替你伤悲。不努力时，没有人替你奋斗。人是活给自己看的，只有自己才知道想要的是什么。

梁平仅比我小几岁，只是辈分却要低我一辈，可他从小就没把我当成长辈，而是像朋友一样与我推心置腹地说些心里话。还在上大学时，他就时常会与我通信，生日或是过节，我也会给在学校无聊的他，寄一些明信片。我知道，他在短短的四年中换了好几次人生目标，在上大一的时候就想着毕业以后要继续出国深造；大二的时候他跟风想考公务员，进机关工作；大三时则想毕业后要进入国企，过舒舒服服的日子。

直到毕业前，才确定了他的真正人生目标，就是进入外企去实现他的人生价值。梁平认为，外企能让他的个性得到充分的发展。

在此我可能要谈到一些人生的目标，外企较其他行业更具有"长远目标"。无可厚非，拥有一个好的平台，才能充分发挥出人才的作用，而从学校毕业的学生，是刚走上自我塑型的阶段，除自我发展之外，还需要企业就一份事业对其进行的职业培养。这就给继续学习、再次努力赋予了实际的意义和相对的动力。

一般的外企都有科学的人才培养系统，目的就是让每一个有才华、有能力的人，找到属于他们的长远目标，并为此努力。从一件小事到大型的企划，都在培养和教会你如何适应这个社会，同时并不磨灭你的创造性。

是的，自信的人生，才是充实的人生。拥有了努力的目标，每一步艰辛都能走得很欣慰。你不用再期待别人的认可。其实，很多同学在毕业前对自己的人生根本没有目标，没有定位。不知道自己的长远发展是什么，才会在短期内感觉，前方有无数条路却又觉得无路可走。这时的你，需要走出熙熙攘攘的人群，让身体呼吸新鲜的空气，人生就是在对未来不断惧怕中，迫使自己进行各种选择的过程。

所以，自己的人生，就应该自己做主。不要把你的梦想交给别人去实现，你的人生需要自己去安排。这里有件非常重要的事，是你不要太早放弃。有些人能够得到自己追求的东西，通常都是因为他们撑得够久。在生活中，没有永远的胜者，也没有永远的败者，只有不求上进者。没有翻不过的山，没有蹚不过的河，只有不想走路的人，每个人都具有掌握自己的能力。

■ 努力让你的成长变得更有价值

在这个世界上拥有才华的人很多，能利用好才华的人却很少。也许漫不经心敷衍生活的人很多，让自己活得精彩的却很少。你在羡慕别人生活的同时，是否想过自己，在同样的一天时间里，你有比别人更努力吗？如果没有，那就努力让你的成长变得更有价值。

可能你会说，每个人的理想都很"丰满"，可现实又那么"骨感"。这是真的吗？就拿一些被称为"女神"的职业女性来说吧，你以为她们的风光美丽、保养得宜，是把所有的钱和时间都消磨在美容院里吗？当然不是，她们拥有自己的事业，还能有时间每天将自己的面部和身体安排得妥妥帖帖。那些具有传奇事业的女性背后，更多的是不为人知的辛勤耕耘。

在跨过青春岁月，进入社会上摸爬滚打一番后，你的人生姿态会越来越向下，当命运格局让不同的人显而易见地区分开时，人生会有怎样的可能？有些人，恐怕一眼就望到了尽头，有些人乐在其中，还有些人一直在思变。

肖静在研究生毕业后，回到位于苏南的三线小城的家乡，过起了简单而又富足的生活，她不需要为自己的生活担心，安分地在当地一家企业工作，也十分寻常地嫁了一个老实平凡的男人，并生下孩子。也许此时，你会以为她的生活就是一览无余的平淡。

过没有压力的安稳日子，这是多数人的想法。肖静所不同的是，她在工作之余，开始做起"策展人"。她说，这是她对抗平淡生活的一种方式。她就真的投入地做了起来，拟出方案、接洽生意、联系场地、广告宣传……平时的工作已经很忙碌，还要牺牲休息日时间，进行一些商业活动。

现在刚产下"二宝"的肖静，越发地忙了。她有家长里短的麻烦事儿需要分心，也有夫妻感情需要经营，还有职场关系需要维系。可她做到了常人所不及的小心谨慎、热心、进取和投入。她没有闲情喝茶泡吧，每天的时间都被有计划地分割成若干个小块，在不同时间内完成不同的工作量。由此，她也收获了很多朋友和一些荣誉。

"二宝"才满月，肖静就杀回职场，打拼江山了。仅用一个星期的时间，成功策划展览了一场小型的摄影展。她从展览作品的装帧到宣传造势都有一套完善的体系和自己的团队，在这一个领域她已非常熟练，经营渠道也在扩展，有时还能不出现场就把事办了，她从台前转为幕后，从"策展"到"传播公司"，她也一直在调整自己的步伐，在自己的心路历程上，一点点逼近自己的梦想。

她之所以拥有傲人的成果，全在于对自己梦想的坚持和努力的付出。同样的，你是否自认为才华横溢却找不到合适的舞台去展示？是否大张旗鼓地喊着要自我奋斗，却从不付出实际行动，一年年地守着光阴却让它在谈笑间流走？即使如此，你还在责怪这个社会太现实，牵绊着你无法得偿所愿，实现理想。

有太多因素让你在下半辈子里大声疾呼：为什么别人的生活就是比你的生活更加精彩？在有限的时间内让自己成长得有价值，只是需要你付出比别人更多的努力。这不仅需要提升头脑、身体和灵魂，还需要在这个漫长的过程中，体会出自己的快乐。

遵从自己的内心，不论你做什么都将变得有意义。努力提升自己，并记录你的进度，有计划地向着自己选定的目标前进，这样可以使你更为睿智，让你的生活更精彩。

只要你足够努力，即使前进的道路曲曲折折，但总有一天，上天会给你相应的回报。音乐家卡罗斯·桑塔纳在谈到他的成功理念时，说道："你应该拿出150%的努力，不管你做什么都要这样。因为只有付出越多，你才能得到更多。"

你必须醒悟，任何的成长与成功都是努力付出后的结果。很多时候，我们看到成功人士翻天覆地的变化，却忘记或者没有看到他们默默付出。我们羡慕他们的变化，却不明白所有的一切都是用辛勤换来的回报。扪心自问，你若没有别人成长得快，成长得好，或者说没有如别人一样的成功，那只能说明，你没有如他们那般努力。

所以，你要努力让你的成长变得更有价值。努力，并不是追名逐利，或者成龙成凤，不过是为了活得快意，体验一路横冲直撞努力逼近目的地的充实和快感，不虚度人生。成功是需要靠坚持来填充，靠梦想来维系，靠努力来支撑。在你有意识反省自己的时候，用力敲打自己。人生恍惚几十年，莫留遗憾给自己。

■ 不要留恋某道风景，最美好的永远在前面

连夜下的冬雨，萧瑟了大地。当窗外飘起雪花时，又一季的冬天到来了。上海的冬天也无法抵御它的温婉，因为气候偏暖，冬季下雪就成了难得一见的胜景。可美

景总是易逝，雨水会夹在雪中，让还未落下的雪在半空中就化成了水，无法形成积雪。

美好的东西永远在后面。在生活中，何尝不是这样。我们耐心地盼望着一场努力之后的成就，往往在它还未到来之前就消失了，或是经过困难后才能达到。如果清晨起来，望见飘飘洒洒的雪花妆点江山，令你置身于一片银色雪白的世界时，不要惊讶。只要待太阳升起，光和热又会将它融化。

没有一道风景是永恒的，没有一种美好是不变的。享受当下，勇往直前吧！日子总是忙碌而简约地从我们的身边滑过，有时还会遇到悲伤，这不是我们的错，可不能被它左右了你的人生，一切都会有惊喜，一切都会有转机。心怀希望，始终相信自己能创造奇迹。有一种生活方式永远不会错，就是凡事往好处想，凡事往前方看，积极进取就能遇见美好的未来。

上海，一年四季分明，在此生活的人，总有一种乐观的态度。再冷的冬天也会迎来美好的立春；再烈日炎炎的夏季，也会被秋雨冲洗。所以不必为当下的不快而难过，没什么大不了的。

乐仪是我先前采访过的一位年轻的女园长。她来自山东，在上海近郊建了一所外来务工人员的子弟幼儿园。初次见到她的时候，我就好奇地问她："你在家乡不好吗？

这么年轻就出来闯荡，对于女人来说是万分辛苦的，是什么支持着你来到这么远的地方办学呢？"

这虽说是一所简易的幼儿园，可办学条件一应俱全。她回答我的第一句话，就让我对她十分钦佩，她说："我相信，弱者会因知识而强大。我办民工子弟幼儿园，是想让这些孩子们有一个美好的未来。"

她告诉我，自己是出生于一个普通农村的打工妹。13岁，当别的孩子还在父母面前撒娇的时候，她就开始为自己的学费而发愁。由于家境贫寒，她初中毕业后差点辍学。为了解决念高中的学费，乐仪在学校附近摆了一个菜摊。

依靠着卖菜的收入，乐仪勉强读完了高中，之后她因经济困难而无法上大学。还未成年的她就开始了打工生涯。为了能挣钱参加教育部的自学考试，她做过水果生意，当过印刷厂推销员。最后在一家煤矿码头做搬运工，她有高中学历，为人又踏实肯干，得到老板的赏识，让她负责煤码头船运调度工作。

当时的煤矿外运缺乏信息沟通，一方面矿主找不到船，另一方面船主又为货源发愁。聪明的乐仪在船运调度中发现了商机，她投入全部积蓄，加上贷款，承包了当地的一家煤炭贸易公司，做起航运中介的生意来。不到一年的工夫，资产就达到了一百多万元。

原以为她的生活就此顺风顺水，哪知一场特大的洪水冲垮了她的煤坪，令她所有的基业尽毁。受到天灾的她，并没有被生活困境所压倒。尽管这是一次不幸的意外，而她本人也先后通过了法律专科、本科自学考试。她觉得自己学习的知识还不够，生意受挫后，索性考取了 MBA 的研修班，准备重新创业。

采访至此，我还是不明白，乐仪是如何走上办学这条路的，我问她："怎么想到要办一所幼儿园呢？"她说："我一直没有放弃对知识的渴求，从山东到上海遇到了很多同乡，他们的许多人都带着子女打工，因受户籍限制进不了公办幼儿园，私立的费用又昂贵。她就萌生了开办民工弟子幼儿园的想法。"

在上海开一所学校绝非易事，特别是手续办理苛刻。但经过了那些困难磨砺后的乐仪回忆往事时，始终面带微笑。在她的眼里，前景比过去更让她充满自信，她说："让外来务工人员的孩子在大城市里享受与城里孩子一样的教育是我的梦想，将来还要将幼儿园扩展为小学部。"虽然进入义务教育阶段的办学更为困难，可她信心满满。

这让我想到了"马太效应"，强者愈强，弱者愈弱。富有的人因为拥有资源，可以让自己更富有。能对抗困难的强者，面对再次困难的降临，会运用先前的经验，从而轻松化解。成为强者的基本条件，不过是对自己充满信心。让自己成为一个优秀的人，就能比别人懂得更多，当遇到问题时，就知道如何便捷地找到答案，从而成功。

一般人需要花很多时间在一件事情上，为什么有人就能用比别人更短的时间来完成？他们也因此争取到了更多时间去完成下一件事情。但往往很多人会在偶然的一次成功面前，沾沾自喜，驻足不前。等失败来的时候，又丧失面对自己的勇气。没有人会手把手教你如何生活，而你可以让自己生活更好的方法，唯有自立。

所以，不要留恋某个风景，最美好的永远在前面。人生的悲欢总有起伏，不要抱怨自己的出身不好，自己的路还是要靠自己走出来。人生也如同上海的四季，寒冬很快就会被春风吹走，美丽的雪花也会随着转暖的气温而融化，困境是孕育美好未来的摇篮，没有它你的生命热力将无法体现，也只有它能让你的人生焕发出勃勃生机。

■ 这世界，不会辜负每一个努力的人

岁月不居，时光如流。成天叫嚷着命运如何不公的人，是还未真正触及命运的人。内心强大者不规避自己的短处，因为每个人都切实拥有它。一个能从厄运深处

走出来的人，是不愿谈及命运的，因为他们都深信这个世界，是不会辜负每一个努力过的人。

你可以不聪明，但一定要有大胸怀，做人越大气，就会越成功。也许你也有这样的感受，清晨想到的第一个人和夜晚想到的最后一个人，不是让你幸福的人，就是让你痛苦的人。人生的舞台剧里，做自己的人生主角，你演绎的是自己，而不是别人。

努力不是为了做给别人看，是为了不负此生，不负你自己。不要依赖任何人，即使是你自己的影子也会在黑夜中离开你，只有比任何人都努力，才有资格享受拼命尽兴后的人生礼遇。越是努力的人，命运就越是青睐于他。

何珏是我以前在报社的同事，作为一名资深的职业记者，他工作时那股拼命劲儿，可谓无人能敌。他的新闻采访量总是排在全社的前列，每月考核都遥遥领先。当事业进入高峰期，领导正考虑提拔他时，他却做出了一个让全报社同人都吃惊的选择——考研。

很多人都不理解他，认为努力读书不就是为了找一个好工作吗？而他已经拥有了一个好工作，并在单位得到重用，事业前景一片大好，为什么要反其道而行之？但他还想努力一把。

何珏的本科毕业于中国人民大学的哲学系，这次考研，他把目标定在了复旦大学新闻传播系。我记得当时还向他调侃过："你在媒体工作中这么出色了，难道是要从哲学跳槽到新闻，非把自己弄成'科班'才罢休？"

而他十分执着于自己的选择，为了这个理想的目标，拼尽了所有。因为考研需要进行专门课程的复习，他必须每周要到上海的预科班学习两次。这难免就会影响他的工作，怎么办？在这左右为难的时候，他毅然向单位提出了辞职。

辞职就等于生活失去了保障，对此，家人坚决反对。他的女朋友对他说："辞了工作去考研，太因小失大了吧？上海的研究生满大街都是，你放着好好的工作不做，这又是何必呢？你为自己考虑的时候，也要为家人着想。"

女朋友对他的提醒一点也没有错，现在读研究生的人很多，不再像以前那样吃香了。况且，研究生毕业的人才一大把，走入社会后，并非都能找到理想的工作。放弃已有的生活，去追求不切实际的理想，可真是"自讨苦吃"。可何珏并没有被动摇，他依然抱着书本，向着自己的目标努力着。

复旦大学的研究生名额有限，每年仅招收十几个研究生。要在全国统一的研究生考试中被其录取，成绩必须名列前茅。虽然他全力投入复习中，可第一年考研的他，还是名落孙山。何珏并没有被复旦录取。

有人说他不自量力，也有人说他不顾家人只顾自己；更多的人向他投来嘲笑。很多人猜想，接下去的他应该忙碌于人才市场求职了吧。反对他考研的声音一波又一波，没有考上研究生的何珏，不仅失去了工作还失学，往后的生活又要被重新刷新，我也很为他惋惜。

万万没想到的是，何珏对于这次的失败并不放弃。他知其难而非要为之，铁了心的他，摆出了非要考上不可的架势。他觉得已付出了那么多，不继续坚持理想，那就更加对不起曾经那么辛苦的自己了。

精诚所至，金石为开。第二年他成功进入了复旦培养生的名单，他的努力没有白费，就算在最困难的时候，他也做好了心理准备，可能旁人不能理解他。我想，当时的他应该有自己破解这个问题的办法，因为失败、挫折是不可避免的，最困难的就是依然坚持！

事实上，成功的人都有过失败的经历。正因为有过多次的失败，才会得到更多的教训。经过多次教训后，才能够成熟起来，如果不肯承认失败，或是在失败面前投降，那就会止步不前。可往往人们会在失败面前抱怨外界的各种不如意，那只会使自己再一次地处于失败和不幸的旋涡之中。

在生活中，我们都会遇到各种困难，其中最重要的就是要对事实有清醒的认识，冷静思考造成困难的原因。任何人都有可能失败，很多人在失败后就退缩了，或是被失败打击得再也爬不起来，这才是真正的失败。一定要把失败当成是成功之母，并不断地继续下去，直到最后的成功。

所以，这个世界，不会辜负每一个努力的人。只要你不放弃，就有机会成功。因为成功往往就在失败之后再坚持一下的努力之中。

■ 你能过上你所期待的生活

当你失去方向的时候，请记住：你所期待的生活，是你即将努力的方向。期待，对于个人而言，意义非凡，无论是对未来的期待，还是对事业、成就和幸福的追求，都是我们的人生指南针。但在期待美好未来生活的同时，不要看轻自己，不要认为自己这辈子就这样了，没有什么大的作为。

对于生活，所有的人都认为早有定数。单就看一些成功人士的经历，你就会发现：他们往往拥有良好的家庭背景、名校出身、留学海外等各种光环。你可能会感慨：我为什么没有这样的条件？但如果成功只能在特定的环境中达成，那这样的成功就失去了意义。

无论是在一个领域小有成就还是在商场上叱咤风云，

只要这种生活是你所期望的，并且你为之付出努力，都值得肯定与尊重。

而启明所期望的生活要远大得多，他为了自己能成为一名成功人士，做着各种努力。他觉得自己要有一个好的生活，必须要有一份好的工作。好的工作则须要有一个好的文凭，而这个文凭，必须是出自名校。

这是他的"逆推"生活法，先定下目标，然后一步步倒退，衡量自己所处何阶地位，接着就按照一步一个台阶去完成既定目标，从小成功开始直逼大成功。这种最后的成功也就奠定了他的人生基础。

我也很认同启明的想法，虽然我们在一起的交流并不多，但时时刻刻看出他是一个努力而积极向上的人。以至于他最后从一个格子间的"眼镜男"，逐渐跃到了"博士男"。我也不觉得奇怪，因为他一直是用心去努力的人。

记得那年夏天，媒体单位为实习生们组织了采风团，大伙大包小包拖着行李在浦东机场候机时，都兴奋地聊起了天，整整三个小时的候机，大伙的心情依然无法平静，把时间浪费在毫无意义的互相敷衍上。

只有启明，他旁若无人地戴起了随身听的耳机，打开一本笔记簿，开始边听边记着什么。有人与他打招呼，他仅是微笑着点点头而已，并不加入我们的聊天，他也不像是格格不入的人。当乘上飞机，他就坐在我旁边靠窗的机位，对于飞行中机舱以外天空的奇妙景色，他显示出了很平静的样子，手中的笔依旧在本子上记着什么。

这回我看清了，他在练习簿上写下的是一连串的英文。启明随身听里播放的也是英语。他对于利用零星时间来学习这件事，一点都不做作，因为他早习以为常，上班的公交车上、工作之余、午休时间，都很有规律地学习。平日所有的时间他都安排妥当，再有多余的时间就给自己充电。

我不好意思打扰他，就静静地看着他做笔记。启明被我看着似乎有些不好意思起来，他正准备继续自己原先的一些课程，这时的我有些惭愧难当。一个正在努力的人，对于外界的感知应该是薄弱的，可他在沉浸于自己学习世界里的同时，又能圆满地完成工作所交付的任务，在行程中他主动接触当地的民风民俗。

夜晚的街头，大家疲惫不堪，他依然兴致勃勃地逛书店。回到住处，大伙都睡了，他还亮着床头灯，阅读那一串串的英语句型。是呀，凌晨四点半时，大多数人还在梦中，可哈佛大学此时灯火通明。随后几年里，他一刻也没有放弃学习，直到考上名校的硕博连读生。而他曾经也不过是和你我一样的普通人。

当别人成功走入象牙塔的顶端时，你也许会感叹，那些成功者的时间都是如何而来的？启明不是"超人"，他拥有的时间与我们一样多，只是他善于利用它们，把自己安排得无懈可击。在每个人的身体细胞中都蕴含大量，它们可以听从你的指挥，没有做不成的事，只有不持续努力的你。

穷尽一生只做一件事，这不是不可能，只是你是否有这个决心！在下这样的决定之前，你还需要一个支撑点，这个点就是目标，也就是你所想要期望的是什么。你的期望，也就是努力想要到达的那个"成功"。

"锲而舍之，朽木不折，锲而不舍，金石可镂"，这句古人之言，早就把成功的秘密告诉了世人。金石比朽木的硬度高多了，但不要因为它硬，你就放弃雕刻出美丽的图案，那样等待你的永远只是失望。只要锲而不舍地镂刻它，天长日久，也是可以雕出精美的艺术品来。

所以，想要过上你所期待的生活，必须让自己"努力"起来。曾经，那些已经被你挥霍的时间，无法再让它们回到你的身边，那么为什么不从现在起，回望一下你的人生：你的目标是否还在？你是否停下过脚步？是否为自己的目标拥有足够的坚持？不要觉得成功离你很远，因为时间对于我们都是一个考验。

■ 做最好的自己，以喜欢的方式过一生

很多时候，我们徘徊在成功门口，看着里面有些成功的人并不见得比你更聪明。而在失败的人群中，也不见得谁比你更愚笨。其实有一样东西比聪明的脑袋更重要，那就是人的心灵和意志，一个人的贫穷很大程度是心灵的贫穷，一个人的成功很大程度是意志的成功！

做最好的自己，以喜欢的方式过一生。人生是一次艰苦的跋涉，在人生的道路上，有阳光雨露，也有暴风骤雨，唯有保持良好心态，才能坦然面对遭遇的一切。珍惜了眼前的一切，才能期待明天的幸福。人生不是靠心情活着，而是靠心态活着。

幸福是没有框架的，也没有确切定义，它在每一个人眼里都有不同的理解。说穿了，谁都有苦恼，现实生活就像是一堆散乱的音符，每个人都有自己的五线谱。在情感的变奏和命运的交响中，生存状态能否成为一支优美的乐曲，而不是节奏杂乱不成曲调的噪音，这完全取决于自己的心态。

上海，冬天是少有明媚，不是乌云遮日，就是阴雨绵绵。前几天趁着难得晴好天气，我走访了企业家王总，听完他对公司情况的述说，我感慨万千。王总是软件园

内一家科技企业的老总，他新创立的企业在高科技发展方面前景甚好。

然而他却有很多的无奈与感慨，导致其伤感的主要原因是，企业人事管理非常薄弱。王总对我说："公司不缺管理制度，但是没有人去执行。而整个公司除我自己以外，完全没有中层可以信任，也就是没有管理层。做什么事都要我去催一下，下面的人才动一动。"

"为什么会出现这样的情况呢？"我问道。

王总叹了口气说："公司人员流动性特别大，好的人才都留不住，我看中的人才也招不进来。越有才的人，越是通不过下属的面试。"

一个进入高速发展与成熟的企业老板，最需要做的四件事情：团队、机制、战略与资本，除此之外，如果老板还是公司里最忙的一个人，那么他基本上是作坊式的，会遇到发展的"瓶颈"，无法突破。

"那么你何不放手把一些责任给下面的人呢？"我隐约觉得王总所担心的事，不过是他对任何事都要细抓、详抓，作为老总，他没有利用团队的优势而还在为企业每日杂事而亲力亲为。也正是因为他的这种"不放手"导致了对下面员工的不信任，从而没有一个人能为企业站出来，因为他的员工都觉得在这个企业没有"归属感"。

"我怕自己一松手这个企业就不行了。"他还是无法放手。"你现在是一个企业的老总，不是吗？这就像一个家庭的家长，如果子女多了，你一定管不过来，那么就可以让大点的孩子照顾小一点的孩子，但这个前提是，你必须要放一些责任给他们。除不能受伤、不能丢失之外，还要照看得好，这不仅需要制度。"我想了想，告诉他："还有，你不要频繁插手员工的工作，他们是会自我施压的。"

在自己的事业中，往往拥有"我创造的一切，都是我的"的思维，所以不舍得放开一点点的手，因为他们大多数都是白手起家，从单打独斗的世界里闯出一条生存的路来，往往也因此而让他们更乐于凡事亲力亲为。

殊不知，人的精力是有限的，王总所处的位置注定他应该做哪些事。这种心态一样要摆得平、放得正，只有让你心态平和才能对事件做出正确的判断。放权不等于放任不管，而是为了让他的职能有一个转变，这也是为了更好地管理。

那么"最好的自己"又是什么？就是给自己的人生立下更高的标杆。虽然这个"最好"是达不到的，但一个比一个的"更好"就汇成了一生的"最好"！成功的人应该把成功的方法分享出来，并以自己的努力来激励员工，不是用自己的权力去压抑下属的发展。试问，一个看不到自己前途的企业，还有谁愿意为它而"效忠"？

换位思考一下，你是企业中的一名员工，你在工作中想得到的是什么？应该是对自己的发展是否有空间，而对于升职与加薪，那都是努力辛苦的等价回报。在此积极性如何被调动就显而易见了。

人们都是以自己喜欢的方式生活着，不管是在家庭中，还是在工作中。如果前途没有希望，那么换作是我也会择道而行。每个人都想在工作中努力认真、保持微笑。也想永怀希望从不绝望，更想善待家人友爱朋友。可你心怀感恩乐观向上时，却总能遇到一些难行的路，若你无法改变生活的路，那就用自己喜欢的方式生活吧。

常被现实牵绊的你，总有很多不平，一直无奈。当人生路走得不平顺的时候，不要忘记，你只是走过这条路而已，走过以后一切只能任时光处置。我们都在生活中表演着自己，无论是成功还是失败；无论你是老板还是员工，都需要百遍练习自己的角色，一遍学不会，你就痛苦一次，总是学不会，你就只能在同样的地方反复摔跤。

在生活中，你必须做最好的自己，并以喜欢的方式过一生。调整心态而不是去强求，别人今天成功，是他的过去所成就的，不要等待别人来改善自己的生活，自己做生活的主人。

第三章

不要抱怨生活给了你太多的磨难，不要抱怨生活中有太多的曲折，更不要抱怨生活中存在的不公平。天地阔大，世事邈远，掩卷凝思时，几度物换星移。当你勇敢地迎难而上，用智慧与力量去不断前进时，坚强就伴随着你攀登上人生的高峰。

■ 在梦想的光芒沐浴下成长

　　总觉得谈梦想，应该是年轻时才会向往的事。可有时我还是会不甘寂寞，在梦想与现实之间徘徊，不肯放下心中那份对于梦想的执念。如果能再回到从前，我依然会选择沐浴在梦想中成长。

　　梦想有时候就像天上的彩虹，看起来色彩斑斓，可还未等伸出手去触摸，它就已经消失得无影无踪。尽管从未放弃过希望，一次次放飞梦想，一次次张开翅膀，但又迎来失败、打击、痛苦，失落覆盖住了属于自己的天空，天很蓝，蓝得又燃起希望来。

　　我们都是在这样的环境中长大的，怀着美好的愿望，面对曲折而遥远的未来，心中充满希望。人生就是一个圆梦的过程，把梦境变为现实，把虚幻转为真实，生活会因挫折而苦恼，却也因有了梦想而美好。

　　宇晨二十几岁的时候，外出开了一家鞋服小店。前几年结束了在外漂泊的生活，回到家中帮父母打点蔬菜收购的活计。在农闲之余，他跑去稻田里抓螃蟹，可日间都是塑料的大棚，螃蟹明显比以前少了很多。"我养蟹是想找回小时候农村的那种感觉，于是我就想着自己能否搞一块地养蟹。"他这么对我说。

我几年前去采访他的时候，宇晨正在他承包的地里挖塘引水。这是用很高围塘建成的养殖基地。那一年他投放了近千斤的蟹苗。"在这之前你养过螃蟹吗？"我问正在忙碌着的他。他回答我说："以前我外出做鞋服生意，没有养过。""那你觉得现在养螃蟹能有比先前鞋服生意更好的收益吗？"听他说没有养过，我担心地问道。

"试试呗，总要有点梦想吧。我那时出去做生意也是觉得应该出去走走看看这个世界，就出去了，没想太多的。"宇晨没有停下手中的活，他对自己未来的憧憬是用实际行动来达成，不管是否能成功，先做起来，如果不动手那是永远都不会成功的。

"蟹不好养，如果死了怎么办呢？"我并不是打击他，虽然这里地处长江口，拥有得天独厚的地理位置，可周围一些曾经养过蟹的农户，不是蟹死了就是蟹跑了，都不太成功。"蟹死是养殖技术问题，蟹跑是设施问题。不管这次成功与否，我一定要坚持五年的时间，即便失败，也要在其中找出失败的原因。"宇晨如此回答我。

事实上，他真的坚持了下来。当我再次去采访他的时候，他已经是位养殖螃蟹的专业户了。他领着当地村民一同干起了养蟹的行当，让养殖场真正成为养殖基地。

他养殖的长江绒螯蟹堪比阳澄湖的大闸蟹，热销于上海、南京、杭州等地。当秋风萧萧时，宇晨的三十亩养殖场内大大小小的围塘有四十多个，最大的占地三亩，设计较上次我看到的更加科学规范。

忙着接待客户的宇晨在螃蟹上市的季节，忙得不亦乐乎。一天之内他接待了十几批来此购蟹的客户，特别是我看见在他的办公区内排满打开的包装盒，几名工人正在忙碌着装货。"生意真好呀！"我夸赞他。可宇晨说："这才刚开始，网上的电销更火，现在都来不及出蟹。"看着满脸喜气洋洋的宇晨，知道了曾经他用失败换来的如此成功，不过是他完成的中心梦想的一部分。他付出的努力与他的执着，只有他知道。他说："每一种投资都是有风险的。"

的确，在这几年里，他的蟹场遭受了各种困难与阻碍。最严重的要数"曼沙"台风来袭的那次。投资了几十万的蟹苗眼看再过几个月就能上市了，可台风一来，让这一切都毁了。那天宇晨守在养殖场，拿着钉耙盯着排水口。他怕蟹跑出去，量大的排水口用铁丝网包着，开始水是黄色的，后来流出来的水变成了黑色。如果上游的围塘被冲垮，第二个就会跟着垮掉，他一头扎进蟹塘去保护最大的围塘。

等台风过后，蟹塘一片狼藉。宇晨告诉我这些的时候，看上去并不惋惜。"损失一定非常惨重，那当时的你怎么没有选择放弃呢？"我问正在接受采访的宇晨。他回答道："当初开始养蟹时，我想用五年时间，台风第二年就把我的辛苦毁了。那时也想到放弃。可心有不甘，而且我父母给了我很大的支持。""那么你是怎么带领村民一同养蟹的呢？"我又问。他说："也是因为台风毁了蟹塘，我想反正要重整旗鼓，所以征求了村里的意见，没想到有些村民愿意入股和我一起干，就这样越做越大。"

天道酬勤，梦想给了激情，更需要用实际的热情去点燃它。我佩服宇晨的同时，不禁想：人生充满着期待，梦想连接着未来。如果你的梦想也选择了远方，那就只顾风雨兼程吧，不要去想能否赢得成功，当你付出汗水与勤劳后，自然能收获果实。

也许你会说，我有梦想，可我没能力实现。我相信这个世界上有天才，可我更相信成功者之所以成功并不完全依赖于他的天才和优越的条件，如果自己不努力，纵然有再高的天赋，也未必能取得辉煌的成果。

所以，在梦想的光芒沐浴下，才能茁壮地成长。不管你的梦想有多么渺小，也不管你曾经多么的失败，坚持走下去吧！任何时候、任何阶段都可以开始自己的梦想，追求自己想要的生活，这与年龄和环境都没有太大的关系。不要停滞你的脚步，你可以做一个平凡的人，但一定不要让自己过得平庸。

■ 在追逐梦想的路上，你的委屈不值得一提

人生之美，就在于不仅可以实现梦想，还可以享受追逐梦想的过程。追求梦想的信念催促着你加快脚步，在现实中总会有一些岔道干扰你的方向，还会有一些石头，羁绊你前进的脚步。但无论如何，路边总有些鲜花是为你而盛开的。在追逐梦想的路上，比起收获的成长，你的委屈不值得一提。

为梦想而内心沸腾的你，不必在乎成功或是失败。因为那些付出过努力的日子，才是你为实现梦想而所做出的选择，它给你勇气，让你能执着地走到成功的终点。在追逐梦想的日子里，渴了就把它当成甘醇甜美的雨露；饿了就把它当成美味可口的佳肴；累了就把它当成温暖厚实的依靠。

当有风吹过的时候，你会觉得那是梦想的翅膀。虽然看不到它的存在，捕捉不了它的踪影，但在你感到茫然和迷失方向的时候，梦想便会在无形中指引着你，默默地给你飞翔的勇气和力量，悄悄地告诉你将要飞行的方向。

在上海城北一幢写字楼里工作的思佳，是个充满活力的漂亮女孩。正值"双12"，我为了写一篇网购主题的

文章对她进行了采访。那天下午，她正在公司忙着张罗各种事情。她说，这几天正是忙的时候，不仅要自己上网做客服，还要动手打包衣服，常常忙到晚上 12 点。

我环顾四周，她的公司开得像模像样，装修考究的会客室里摆着宽大的真皮沙发，这是洽谈业务的地方，在此一眼能俯瞰整座城市的风景。很多年轻的员工在大通间办公室的电脑前忙碌着。在仓库工作间，有五六位男女工人，正忙着在桌子上折叠服装，并熟练地装进塑料袋，等待着快递上门送货。在思佳的指挥下，公司的一切显得非常有条理。

思佳的父母都做着服装批发生意，家里有很浓的经商氛围。从小耳濡目染的她对于做生意也十分在行。开始做"电商"是她在初中时的一次奇思妙想。思佳告诉我，那时候她还在读书，在父母的帮助下，她开了一家网店卖服装。当时很多人怀疑，说谁会在网上买东西呢？反对的声音，让她觉得很受委屈。但她又想，社会在进步，说不定以后网购能普及。

初中生开网店势必会影响学业，喜欢电子商务的她不得不将这个网店搁置下来。直到她上大一的时候，她所在的商学院，鼓励学生在网络上开店创业。思佳这才重新开始开网店卖衣服。创业初期，争取到了父母支持后，她的进货货款都是向父母借的，卖掉衣服后再还给他们，对于公司的经商之道和人事管理的经验也是父母手把手教她的。

她说："想做好网店，要做的事情很多，宝贝描述、店铺装修、售后服务全都要做好。我和小伙伴们每天都在认真做事，图片要做得好看，描述衣服要斟词酌句，介绍衣服用了某种工艺，采用了什么面料……总之，要有很好的客户体验，让人看了有购买的欲望。"

前年，思佳和朋友合伙开了两家实体店，因为她在这两个地方都有朋友，而且有些共享资源，可以给她利用。她对我说："网络高端女装开实体店，加强客户体验，这是一个趋势。"可实体店的生意远比不上网店。

做生意也要有头脑，思佳算得上是一位聪明的女孩，她知道不能把鸡蛋都放在一个篮子里的道理。现在她已有两个网店，还打算再自己做一个购物网站来"分散风险"。

也许有人觉得坐在家里开网店，很轻松。其实相反，开网店是件辛苦的事，可思佳为了自己的梦想她加快了脚步，将自己的人生书写出美丽的篇章。有人说：人生怕的就是"认真"两字。可不是吗？只有认真地生活着，挫折与委屈才觉得不值一提。

人的一生短暂而平凡，有人感叹"人生苦短"。但我要说人生短暂是对的，人活在世上很辛苦也是对的，正因为时光飞逝，所以更要珍惜。你应该感谢生活，它给了你一个奇特的"生命"，一边流泪一边歌唱吧！没有谁能改变你对梦想的执着，也没有谁能改变你的生活，除了你自己。

所以，为梦想而内心沸腾的你，委屈不过是人生路上的风雨，不去想身后是否还会有暴风雨袭来，既然目标是地平线，留给世界的只能是你潇洒的背影。人生就是不断地梦想着，为了好梦成真，你必须留下一串串坚实的脚印。时光无法停滞，青春再不能挥霍，感谢自己受到的委屈，因为它体现了你对生活的热爱、对生命的眷顾。

■ 在挫折中成长，给生命积蓄力量

更多的时候，我们在艰难的情况下，要学会保护自己。就像冬日大雪尚未落下时，山上和大地上的一些动物就已经进入冬眠了。在我们的一生之中，特别是最寒冷的时候，也有必要进入冬眠，或长或短，给生命积蓄力量。

冬眠并不是一种逃避，而是一种积极的应对手段。那是一种凝聚力量的过程，也是沉淀心灵的时刻。所以，当你看到哪个人在失败的挫折中变得很沉默平静时，好像是很麻木的样子，千万不要以为他已被击垮，很有可能他正处于冬眠之中，说不定哪一天，就会豁然醒来，一飞冲天。

　　在你处于弱势之时，会有很多居心不良的人想伤害你，想从你这里得到好处。就像那些冬眠时深藏地下的动物，有的没有毛或羽毛，所以体温调节能力变差，若是不冬眠，会被冻僵致死。在生活之中，有时候我们遇到艰难的境遇，如果不能去改变和适应，就要让心沉静下来，待到春暖花开，就又是一个美丽的天地。

　　在媒体工作之余，我成立了一个阅读分享会，这让我结交了一群志同道合的朋友，有些会员的故事很感人，我想有必要写出来与读者共勉。阿勇就是阅读分享会中的积极分子，小时候的他体弱多病，经常咳嗽、发烧和四肢无力，还患上了传染病需要隔离。他的父亲鼓励他不向病痛低头，把阿勇拉到窗户边，指着天上那道彩虹，认真地说："瞧，今天天上的那道阳光是不是格外的美丽！"阿勇调皮地反驳道："那不是阳光，那是美丽的彩虹！"

　　他父亲微笑着答道："我们看到的是阳光，只不过是雨后空中的雾把阳光折射了，从而产生了七彩的光芒。"阿勇点了点头，父亲继续说道："阳光的折射就像人生的挫折，受了折射的阳光会变成美丽的彩虹，这是有了挫折后才能发出光的力量！"

　　当时，小小年纪的阿勇对父亲的这些话似懂非懂，但父亲走出门的嘱托，好好吃饭和好好学习却深深地刻在他的脑海里。在生病期间，他开始阅读各种名著，几乎能忘记病痛，除了看书，他还会用自己的话讲书中的故事，慢慢地，心情也变得开朗了。

恢复健康后，他又重新步入了学校。由于生病期间坚持自学，到校后他的成绩竟然非常优秀，让他没有想到的是，他还被保送到大学就读。对他来说身体上和生活中的挫折，在他的成长中给生命积蓄下了力量。他经常独自一人看书、阅读，体会到挫折的陪伴，才让他更懂得珍惜时间。

挫折虽然会给人带来伤害，但它还给我们带来了成长的经验。被开水烫过的小孩子是绝不会再将稚嫩的小手伸进开水里的。即使他再顽皮，也会记得开水带来的伤痛。被刀子割破过手指的人，也绝不会再肆无忌惮地拿着刀子玩耍，因为知道了玩刀子是很危险的。人们在经历了挫折后，换来了成长经验，这不正是我们所说的坏事变好事吗？

在此还有群体受挫折的，几个同病相怜的人，有着相同的坎坷，有着相同的失落，外界对于他们来说是同样的寒冷。就像有的动物一样，需要互相搂抱在一起冬眠的，它们互相取暖，度过寒冬。若是单独一个，便会冻死。大家一起，彼此安慰，互相鼓励，那份温暖便会在真诚的心间流淌，如此，再长的冬季又有什么可怕？

宝剑的锋、梅花的香，都是在经过折磨和淬炼之后获得的。让生命更坚强，就要在苦难和挫折中成长。也许你不能选择你的出生，就不要埋怨上天把你降生在这样不好的环境中，让你受苦，相反还要感谢上天，让你来到这个世界上，感谢父母让我们健康成长，感谢家庭给我们关爱与温暖，你不能选择这些，但你可以选择生活，选择你的未来。有人说过苦难也是生命的享受。

　　疾病可以治愈，贫困可以改变。只要拥有一颗积极上进的心，不幸是可以改变的。只要心灯不灭，世界依然光明一片。在挫折中积蓄力量，用一颗坚韧不拔的心孜孜追求，相信有一天会实现梦想。

　　住在城里的小王对"农事"并不在行，他回农村老家时，发现自家玉米地里玉米长得很矮，地已干旱，可周围其他地里的苗子长得很高。当他想买了化肥、挑起粪桶准备浇地时，却被父亲阻止了。他父亲说，这叫控苗。玉米才发芽的时候，要"旱"上一段时间，让它深扎根，以后才能长得旺，才能抵御大风大雨。过了个把月，一个狂风骤雨的日子，小王果然看到除自家地里苗玉米安然无恙外，别人都在地里扶刮倒了的玉米。

　　这件事，似乎告诉我们同样的人生道理：年轻时苦一点，受一点挫折，没关系，它会让人多一点阅历，长一点见识，并因此而坚强起来，从而获取成功。

在生活中，挫折是不可避免的。但是，只要我们正确地看待挫折，敢于面对挫折，在挫折面前无所畏惧，克服自身的缺点，那么，顽强的精神力量就可以征服一切。不是吗？英雄一生中不都是遭遇过无数次失败和打击，然后才显示出英勇卓绝，败而不馁，也正是因为这惊人的顽强毅力才能走上光辉大道的吗？

在纷繁复杂的社会生活中，一个人要想取得成功，就要有赢得成功的良好主观愿望和过硬心理素质，能经得起各种挫折的考验和困难的挑战，要有永不放弃、永不言败的坚韧气魄。

经历过风雨的人多能镇定自若、处变不惊；而年轻人因缺少历练往往手足无措，甚至一蹶不振。年轻人思维活跃、兴趣广泛、朝气蓬勃，勇于探索和富有创造性，其心理一般应该是积极阳光的，但也有些人个性心理发展不够完善，具体表现为情绪不稳定、自尊心与好胜心过强、思想狭隘、行为偏激、缺乏耐心等，这些人见不得别人比自己好，凡事容易嫉妒，自己不努力不争取，却整天牢骚满腹、怨天尤人，这种不完美的个性往往是挫折心理形成的诱因。

人生在世，不可能事事如意，在工作、生活和学习中难免遇到挫折，关键是能否正确对待，不为挫折击倒。要知道，在很多时候，成功是建立在失败基础之上的。

挫折虽然给人带来内心痛苦，但能磨炼人的意志，铸造坚韧顽强的品质和绝不低头的性格。

吃一堑，长一智，在挫折中爬起来，总结经验教训，然后反思并能做到不再跌倒，做一个生活的强者，生活的智者，不为一时之痛而贸然行事，如果你没有胜算那就等于失败，有时候要忍辱负重等待时机的到来，等到机会成熟就抓住机会顺水行舟，成就未来。

所以，你在挫折中成长，也是给自己的生命积蓄力量的过程。挫折如果是一座大山，那想看到大海的你，就得爬过它。挫折如果是一片沙漠，那想见到绿洲的你，就得走出它。挫折虽然令人感到可怕，却是人生成长中不可缺少的基石。在我们实现梦想的路途中，也会遭遇到种种挫折，让我们用坚持为自己导航，坚定地树起乘风破浪的风帆，坚信终有一天成功的海岸线会在眼前出现。

■ 人生再艰难，也不能磨灭志向

很多人感叹生活残酷，但如果你曾经为了梦想而努力，就不怕再一次迎接生活的艰难，也不会因那些突如其来的困苦而措手不及。你会明白，曾经的风风雨雨不会无缘无故地到来和离散，它一定会在你的生命里留下痕迹，成为你未来应对艰难的盔甲，帮助你乘风破浪，所向披靡。

最好的生活状态是什么样的呢？就是心怀你的梦想，勇敢地过着自己的生活，哪怕最后已过拼搏奋斗的年龄，回归到平淡的日子也无所谓。没有实现梦想不可惜，没有达到自己的终极目标也不遗憾，但你应该努力让自己问心无愧。

心中有梦，志向不灭。在未来的日子里，你将获得比社会认同感更加重要的东西，就是内心的踏实和无怨无悔。为了自己的梦想而不畏艰难，那是你知道，将来总有一天会梦想成真。这是一种坚持更是一种无与伦比的坚定，也是你在漫长人生道路上积攒的财富，它们赋予你对抗困难和阻碍的勇气与力量。

闺密小君和我有着十多年的交情，气质上佳，犹如一朵开在幽山深处的花朵，虽然外貌不够惊艳，芳香不够浓郁，却始终是淡雅而悠长，坚韧而持久。它不会因风雨而变色，也不因寒暑而凋零；它不求掌声与赞美，一心只为安静地开放。

小君写得一手好书法，气质华丽而大方。她爱好文艺，在离闹市的近郊，开了一家文艺的茶餐厅。在她精心经营下，近几年生意还算过得去。这家店就像她本人一般，温馨而又淡然地坐落在郊区的街角巷尾。店内没有嘈杂的喧嚣，只有轻松恬淡的爵士音乐。

过路的人也许不会被她家素雅的广告牌吸引，那个浅蓝色的灯箱投向附近地面，这家店的名字叫"深蓝"，几乎是一家能让人昏昏欲睡的店。如果你想在里面找出一些惊奇或想与某人在此相聚，都会觉得"太雅"，店堂内中式的餐桌加上青花的餐具，典雅的中国文人气质，深深地渗透于餐厅的每个角落。

这么雅致的环境有些让人"不忍直视"。我总是用这句话来讽刺她的店。我的本意是好心提示她，大众的餐厅需要符合大众的喜好，而"深蓝"这家店的软装均是冷色调的蓝，其中有一些色彩搭配，也不过是蓝与灰、蓝与白、蓝与黑，没有一处含有明快的暖色。"非要这样让人感受到这个世界的冷吗？"那是首次开业的时候，我去捧场时对她说的话。

"为什么要用暖色？为什么要随大流？为什么一定要做成大众的餐厅呢？"小君托起下巴，眼睛里闪烁着清澈的光芒。她说："选择蓝色就是为了能思考。我就要做一个小众的餐厅，不为追求餐饮的高利润，而是让人能在这里放松心情，让心灵得到休息。"

在压力繁重的当下，很多人都处于亚健康状态，别说放纵心灵了，就是放松一下也很难实现。不少人选择运动、出游、看电影、刺激性体验等来达到放松状态，可身体的松弛并不能代表全身的放松，那一颗为处世而担心的心，还是会时时刻刻地陪伴在每个人身边，让心灵无处安身。

我不得不为她的想法而折服，可这里地处城市的边缘，也许会有人来这里放松心情，可毕竟要面对一些现实的经营难题。首先，餐厅所处的地段决定着人流量，也是直接关系到生意的红火与否。其次，店面占地面积过大，这增加了租金的压力，若不是每日客满，很难收回成本。

在餐厅刚开始起步的时候，确实十分困难，资金周转成了小君首要考虑的难题。她先前投入的资金在开业的初期还算稳定，曾有一些感到好奇的顾客光临，但他们只是体验了一把而已。随后，餐厅的营业额时高时低，一年下来算总账时，餐厅不得不面临亏损。

这让小君万分焦急，餐厅承载了她的梦想，如果资金链断掉，那她的生意就无法继续，她的梦想也就随之破灭。所以，她必须努力想出坚持下去的办法，不能让自己先前的付出化为泡影。她动足了脑筋，对于餐厅的推销，小君选择在朋友圈内，她担心客人多了，会破坏餐厅原本浪漫温馨的氛围。她一方面出于餐厅生存的目的，希望餐厅的人气旺盛，而人一多就会嘈杂；另一方面，为了追求自己的最初理想，小君想让餐厅成为每个人的想象空间，需要保持幽静的氛围，这可真是件两难的事。

"深蓝"餐厅走的是文艺线路，小君就想尽办法把气氛搞得更具文艺特色，让它成为主流文艺餐厅，她请来了民谣乐队，在每周末会驻店进行演唱，平时还是要保持"深蓝"能让人思考的安静环境。在周日会推出怀旧电影和读书分享会，由于小君的精心打理，店内的人气也逐渐上升。"深蓝"这家特色文艺餐厅，逐渐受到了当地市民的青睐，年轻人喜欢在那里度过一些闲暇时光，餐桌的订单变得越来越紧俏，小君也只好接受预订。

　　只要有了奋斗的方向，一切的困难都不是困难。有了理想，就相当于你在沙漠中突然找到了水源；在黑暗的夜空遇见了北斗星；在茫茫大海上看见了陆地般欣喜，这是一种希望！人什么时候最恐惧？不是在缺乏物质的时候，而是在缺乏心志的时候。

　　所以，再艰难的人生，也不能磨灭自己的志向。生活可以平凡，但奋斗没有止境，人生可以有磨难，但理想不可磨灭。人生就像是黑夜行舟，志向就是那最远、最亮的航标灯，有了它，你才会乘风破浪地前进，而不至于被狂风巨浪吞没。

■ 人生没有放弃努力的借口

　　在别人眼里，人生有很多东西是可以放弃的，但千万不可轻言放弃的是——努力。只要你今天足够努力，明天不是"帅才"，那起码也是个"将才"。退一步，消极地沉浸在挫折带来的苦难中，你也许会被风浪淹没，而勇敢一些，积极地迎难而上，与困难斗争，也许风浪过后是无限美好的天空。

早些年，从报纸上看到，一位长得像"蜗牛"的人，他叫晓龙，一生下来就被确认为右下肢骨折，家人带着他四处求医，得到的结果是只能等到18岁时截肢。从报上的照片来看，他的确像只蜗牛，向右侧弯的脊柱让他的整个身体蜷缩成一团，像极了蜗牛的壳。但他那不屈从于命运的倔强脸庞，是对未来的渴求，又像极了蜗牛的韧性。

他的梦想是上大学，一个看似简单、平凡的梦想，在他的身上却显得艰难，病魔在他的身体内作祟，但他依然很乐观。这种乐观和坚强的精神，就像比喻的蜗牛一样。他在报纸上说："我要一步一步往上爬，在最高点乘着叶片往前飞，任风吹干流过的泪和汗，总有一天我有属于我的天。"

人的习惯是在不知不觉中养成的。因其形成不易，所以一旦某种习惯形成了，就具有很强的惯性，很难根除。这个世界上还有很多不幸的人，而幸福的人却在抱怨不满。

比如说寻找借口。在工作中以某种借口为自己的过错和应负的责任开脱，第一次可能是沉浸在借口为自己带来暂时的舒适和安全之中而不自知。但是，这种借口所带来的"好处"会让你第二次、第三次为自己去寻找借口，因为在你的思想里，已经接受了这种寻找借口的行为。不幸的是，你很可能就会形成一种寻找借口的习惯。这是一种十分可怕的消极心理习惯，它会让你变得消极而最终一事无成。

我们很熟悉这样的对话。不接受工作任务的员工会对老板这样解释："我不做这件事情是有原因的。"老板回应员工说："是的，如果你想给自己找借口的话。""不，这不是借口，而是理由。"员工急切地为自己辩解道。

这样的人在寻找借口的同时，却无法将工作做好，真是一件奇怪的事。如果一天到晚总想着如何欺瞒的人，将一半的精力和创意用到正途上，他们一定可以在任何事情上取得卓越的成就。如果你也善于寻找借口，那么试着将找借口的创造力用于寻找解决问题的方法，也许情形会大为不同。

美国的米契尔是个从不放弃努力的人，在他的一生中遭受过两次惨痛的意外事故。第一次不幸发生在他46岁时。一次交通意外，使他身上65%以上的皮肤都被烧坏了。在16次手术中，他的脸因植皮而变成了一块彩色板。他的手指没有了，双腿特别细小，而且无法行动，只能瘫在轮椅上。谁能想到，6 个月后，他又亲自驾驶着飞机飞上了蓝天！

4 年后，命运再一次把不幸降临到他的身上，他所驾驶的飞机在起飞时突然摔回跑道，他的 12 块脊椎骨全部被压得粉碎，腰部以下永远瘫痪。但他没有把这些灾难当作自己消沉的理由，他说："我瘫痪之前可以做 1 万种事，现在我只能做 9000 种，我还可以把注意力和目光放在能做的 9000 种事上。我的人生遭受过两次重大的挫折，所以，我只能选择不把挫折拿来当成自己放弃努力的借口。"

正因为他永不放弃努力，最终成为一位公众演说家、企业家、百万富翁，他还在政坛上获得一席之地。人的一生如同在大海中航行的一艘帆船，不论在多平静的海域，总会有起起伏伏，总会遇到风浪的打击。对人生中不可避免的挫折，你会选择勇气，还是选择退缩？

常言道，"智者千虑，必有一失"。再聪明能干的一个人，也有失败犯错误的时候。通常人犯了错误往往有两种态度：一种是拒不认错，找借口辩解推脱；另一种是坦诚承认错误，勇于改正，并找到解决的途径。

每个人都有犯错误的可能，关键在于你认错的态度。其实只要你坦率地承认错误，并尽力去想办法补救，你仍然可以立于不败之地。然而，有些人犯了错误，却不肯承认自己的错误，反而想着怎样为自己开脱、辩解。归根结底这是人性的弱点在作怪，一定要摒弃这种消极的态度。

我看到过一则报道，曾经有实验者用玻璃板把一个水池隔成两半，把一条鲮鱼和一条鲦鱼分别放在玻璃隔板的两侧。开始时，鲮鱼要吃鲦鱼，飞快地向鲦鱼游去，可一次次都撞在玻璃隔板上，游不过去。过了一会儿工夫，鲮鱼放弃了努力，不再向鲦鱼那边游去。更有趣的是，当实验者将玻璃板抽出来之后，鲮鱼也不再尝试去吃鲦鱼。鲮鱼失去了吃掉鲦鱼的信心，放弃了已经可以达到目的的努力。

同样的道理，据悉专家们断言：要人在 4 分钟内跑完 1.5 公里的路程，那是绝不可能的。然而，有一个人首先开创了 4 分钟跑完 1.5 公里的纪录，证明了他们的断言错了。这个人就是班尼斯特。数十年前被认为是根本不可能的事情，为什么变成了可能的事情？是因为有不放弃努力的人。

几乎每个胜利者，都曾经是个失败者。好多障碍并不是存在外界，而是存在于我们的心里。胜利者与失败者的重要区别是：胜利者屡败屡战，绝不轻易放弃努力，而失败者屡战屡败，可惜地放弃了努力。

借口总是会借机在人们的耳旁窃窃私语，告诉自己因为某原因而不能做某事，久而久之我们甚至会潜意识地认为这是"理智的声音"。假如你也有此类情况，那么请你做一个实验，每当你使用"理由"一词时，请用"借口"来替代它，也许你会发现自己再也无法心安理得了。

不要放弃，不要寻找任何借口为自己开脱。不是因为有些事情难以做到，我们才失去信心，而是因为我们失去了信心，事情才难以做到。我们都曾经一再看到这类不幸的事实：很多有目标、有理想的人，他们工作、奋斗，用心去想、去做……但是由于过程太过艰难，越来越倦怠泄气，最终半途而废。结果发现，当时只要再坚持一点点，看得远一点，终成正果。

面对人生中的困难，你依然可以拥有一份笑看云淡风清的心境。巴尔扎克在自己的手杖上写着："我能战胜一切困难。"也许正是这种坚毅的品格，也使巴尔扎克成为举世闻名的作家。当人们看到他时，他却并没有传说中的凄苦模样，而是捉了只蝴蝶在玩赏。由此可见，上天给了他世间最大的困难，但并没有剥夺他积极、乐观的权利。

在巨大的困难面前，曹雪芹满腔心血写下了著作《红楼梦》，这本传世不朽的经典；在巨大的不幸面前，张海迪用惊人的毅力学完了多种语言，为社会做出了不可磨灭的贡献；在巨大的挫折面前，奥斯特洛夫斯基用手摸索着，完成了伟大的《钢铁是怎么炼成的》……你怎能不为他们肃然起敬？

成为积极或消极的人在于你自己的选择，没有人与生俱来就会表现好与不好的态度，是你为自己选择的何种态度面对生活。那些认为自己缺乏机会的人，往往是在为自己的失败寻找借口。成功者不善于也不需要任何借口，因为他们能为自己的行为和目标负责，也能享受自己努力的过程。

所以，不要千方百计地寻找借口了，踏踏实实地努力工作吧！与其成为一个人见人烦的借口专家，还不如成为一个人见人敬的工作能人。从现在开始，杜绝任何一次寻找借口的行为。决不能养成找借口的坏习惯，人生没有放弃努力的借口，不放弃努力就是成功。

■ 磨难的另一个职责是制造奇迹

如果你觉得自己没有天分，可以每天花一点时间，做同样一件事，那么你就会在不知不觉间，走得很远。人生的路总有起起落落，坚持就能制造出奇迹。如果你习惯求生，慢慢地你就会拥有阳光的性格，这是历经磨难后最好的礼物。

并不是每个饱经世事的人都能获得成功，如果你消极地在磨难中等待转机，而不主动出击，那么你将受困于磨难，并逐渐被苦难吞噬。此时，你应该尝试着为自己坚持一些什么。

当生命中的阴暗扑向你时，一定要往有阳光的地方行走，不管多难，只有站在山头才能欣赏到自己走过的崎岖路线，那必将是一条灿烂温暖的人生之路。磨难在你身上降临时，一定要镇静，要有耐心地看待人生的千回百转。

阿根伯的眼睛里看不见阳光，但这不代表着他的心里没有光亮。每天清晨在人民公园晨练的人都能听见一阵"咦咦啊啊"的练声和一片江南丝竹伴奏的音乐。他就是公园里的红人阿根伯，只要他一开嗓子，必定会吸引不少市民前来欣赏。

他是本地百姓戏台的常客，也是小有名气的人物。若你只听他唱沪剧，儒雅的唱腔总能引你入胜。不用走近他，远远地就能发现，阿根伯是个多才多艺的人，他边唱边敲打，二胡就放在旁边不离身。然而他的生活远不是看上去的这样鲜艳明亮，他是一名盲人。

阿根伯原是工厂的一名门卫，50岁时患上青光眼而导致失明。在这之前他就有点小爱好，当地人都喜欢唱沪剧，他也耳濡目染地听上了瘾。失明后他就与沪剧结上了缘，不仅爱听，还喜欢唱上两嗓子，久而久之也唱得有点像模像样了。

可能很多的盲人因为失明行动不便，大多需要别人照顾，出门上街的更是少数。阿根伯虽是盲人却并不自卑，还特别喜欢去人多的地方，比如广场、公园、街角等地，支起他的唱戏家什就开口练起来，他觉得自己"闷声"唱，不如唱给大伙听那般具有乐趣，因为听到他演唱的人，多少会有一点议论，无论是好还是坏，这种评论在他的耳朵里就是"良言"，是他需要改进的地方，而他就是缺少这种与人的艺术交流。

失明的阿根伯从一个健康人变成残障人士，这对于他的人生，几乎是灭顶之灾。刚开始正常的生活都无法自理，由于无法适应黑暗，他在家里也四处碰壁，摔碗扔筷成了常事。失明让他的性格发生了很大的转变，动不动就发脾气，一有不顺心事就郁郁寡欢，唉声叹气。幸亏阿根伯的小女儿比较贴心，抽空就陪着父亲出去听戏，坐在上千人的剧场里，那一阵阵的热情掌声唤起了他对戏剧的热情。他开始天天以听戏为乐，不能上剧场就自己在家用收音机听戏曲频道，失明不能看戏曲表演就打开电视听戏曲节目。注意力被他的兴趣爱好而转移，也就不拘泥于生活的一些小节了。

他还给自己立下了一个心愿，就是要登上舞台，华丽地为自己的自强而演唱一把。为了磨炼自己的胆量，他开始走出家门，在人群中练习。为了提高自己的唱功，他先后多次通过多种方式向名家请教。阿根伯的梦想得到了社会各界的支持，他终于登上了舞台，唱出心中积攒许久的歌。节目一经播出后，大伙都为这个盲人票友点赞。

如今的他，名副其实地成为当地一颗"明星"，他创造的这个奇迹，同时激励了很多拥有梦想却不敢去实现的人，面对如此困难的一种人生经历，在他的前方却有一盏不灭的明灯，照亮着前进的方向。对于困难，连失明的他都能坚持，那么健康的你该怎么做呢？

不论你在什么处境，都没有借口选择放弃。人生没有任何借口能让你自暴自弃，不管它是否会给你带来好运，一切的选择都取决于你自己，而不是别人。只要肯尝试，你就能实现想要的梦想。生活的理想是为了理想的生活，风又如何，雨又如何，笑又如何，哭又如何！为自己鼓掌，人生之路会越走越宽广，人生之路会越走越坦荡。

我们应该不断地为自己鼓掌，给自己激励，特别是在对抗磨难的时候。生活的强者需要掌声和鼓励来祝贺，它可以让你走出逆境。有了自己的掌声，就会让自己远离流言蜚语，给自己一份明澈的心境。自己为自己鼓掌，你就会在自己掌声的氛围里，燃烧起希望的火种。

磨难其实是一种激励，也是一种机遇。每个人都希望自己的人生是一首欢乐的歌曲，那就应该去珍惜人生道路上的种种磨难，充分利用磨难锤炼自己的身心。有困难是坏事也是好事，困难会逼着人想办法。在困难环境中亦能锻炼出人才来。你把磨难当作人生成功的必经之道，那么你征服的磨难越多，其生命的分量就越重。

　　人生坎坷，你跌跌撞撞是在所难免。但是，不论你跌倒多少次，都要坚强地再次站起来。任何时候，你面临着生命的何等困惑，抑或经受着多少挫折，不论希望变得如何渺茫，请你不要绝望，再试一次，成功一定会青睐你。

　　磨难的另一个职责是制造奇迹。所以，在磨难面前，意志坚定的人，能够紧紧地扼住命运的喉咙，从磨难中汲取成长的智慧。胆怯懦弱的人，常常被磨难所吓倒，不肯接受现实的考验和挑战，就像田野里未经风雨考验的麦子，没有生机。试问，一个逃避磨难的人，错过了锤炼自己的机会，又怎能创造出自己的奇迹呢？

■ 忍过了那点痛苦，你收获的将是坚强

　　曾经有句话，总是激励着我的生活。它来自一个广告，那是推销什么产品，现在已想不起来，只清晰记得

画面中一位登山者站在雪山顶峰，说了一句广告词："山高人为峰。"这让我联想到人生的苦难，它在很大程度上是一种自然规律的表现，只要忍过了那点痛苦，你将站在高峰上收获你的坚强。

是的，无限风光在险峰。没有经历痛苦洗礼的飞蛾，脆弱不堪。人生没有痛苦，就会不堪一击。正是因为有痛苦，所以成功才那么美丽动人；因为有灾患，所以欢乐才那么令人喜悦；因为有饥饿，所以佳肴才让人觉得那么甜美。正是因为有痛苦的存在，才能激发人生的力量，使意志更加坚强。

苦难是催你上进的鞭策之绳。成功靠的是什么，靠的是勇于直面苦难，感恩苦难。人生若没有痛苦，你可能会骄傲。若没有了挫折，你的成功将不再喜悦。若没有了沧桑，你就不会有同情心。只有懂得感恩苦难的人，才能够在困难中战斗，发奋并逐渐走向人生的巅峰。直面自己的痛苦，可能很多人会说我讲的是多余，因为人活着就是来受人间的"苦"。

王强是我的一名读者，对于爱好攀岩的他来说，痛苦除了肌肉的疼痛，还要抗拒在高空时心灵的畏惧。他曾在我的读书会上，分享过他的故事。让我知道他是如何从一名攀岩爱好者成为攀岩的"发烧友"。可在苏南这个平原地区，想要攀上真正的岩石，着实有点困难。可在分享会上，我们并没有以此来嘲笑他，不过对于他的执着，大家还是十分肯定他的选择。

由于我所处的小城就位于上海的近郊，与上海相邻的好处在于，我既能享受大都市的城市快节奏，也能选择宁静安逸的小城生活。王强就是每个双休日都会去上海的攀岩馆体验攀岩人生。但他更加向往室外那些天然岩壁的攀爬，所以他也参加一些俱乐部的野外活动。他渐渐地入了迷，成了一名对攀岩狂热的爱好者。他在分享中说道："攀岩已成为我生活、生命中的一部分，爬那些天然岩壁，感觉非常好。"

他最初接触攀岩运动，是因为看了一些讲述攀岩的电影。他说："加入这个圈子是，周围有朋友在玩这项运动。"王强不过是一名本地外企的普通职工，平常喜欢和朋友一起到沪上人工岩壁的攀岩馆玩。从接触这项被誉为"岩壁上芭蕾"的运动至今，他已经有 4 年多的攀岩经历，在攀岩圈内也属于"骨灰级"爱好者。

他告诉大家，现在一般人对攀岩运动有两种误解，一是成本高，二是不安全。他刚接触攀岩时，家人反对，理由是"这项运动又花钱，又不要命"。在这种情况下，他就带着母亲一起去攀岩，让母亲直接、全面地了解这项运动。当时王强就告诉母亲，攀岩用的绳子和挂件，是可以承受两吨的重量，安全性很高。在他的讲解下，母亲也就理解和支持儿子对攀岩运动的痴迷。

现在几百块钱就能买上一双攀岩鞋，其他装备会贵一点，所用的绳子得花一千多块钱，加上安全装备，总花费差不多在五千块钱左右。要是便宜点的装备，两千多块钱就能配齐，攀岩的成本也不高。当我问他经过攀爬到达顶峰时的感受时，他整个人都兴奋起来。在岩壁上每迈一步都需要勇气，只要放松自己就可能掉下悬崖，身心与肌肉都需要处于紧张与敏锐状态。攀岩这项运动就在于考验你能否战胜自己，这也是一种克服重重困难后对自己成功的一种诠释。

每个人一生都注定要品尝苦涩与无奈，经历挫折与失意。痛苦，是人生必须经历的过程。生活的四季不可能只有春天，不要幻想生活总是那么圆满。只有经历了痛苦，你才能产生顽强的意志力。如果你的生活只有两点一线般的顺利，那它就像喝白开水般平淡无味。当你尝遍酸甜苦辣咸，五味俱全时，才能体会到生活的全部。

在痛苦中找到奋斗的源泉，就能越挫越勇。在漫长的人生旅途中，与痛苦相遇并不可怕，受挫折时你也无须忧伤。只要心中的信念没有萎缩，人生旅途就不会中断。艰难险阻是人生对你另一种形式的馈赠，是对你意志的磨炼与考验。

所以，你忍过了那点痛苦，将收获坚强。不要抱怨生活给了你太多的磨难，不要抱怨生活中有太多的曲折，更不要抱怨生活中存在的不公平。天地阔大，世事邈远，掩卷凝思时，几度物换星移。当你勇敢地迎难而上，用智慧与力量去不断前进时，坚强就伴随着你攀登人生的高峰。

■ "积极行动"是应对逆境的良方

财富，它能锻炼我们的意志，让我们变得更加坚强。要学会以积极乐观的态度去面对，因为积极行动是应对逆境的良方。

作为媒体人的优势在于，有时觉得自己就像是"向日葵"，是个特别积极，并能吸收正能量的人。哪里有阳光就朝向哪里，我通过工作，接触到了很多优秀的人，与他们谈论一些健康向上的话题，就会思考像如何有利于人生发展的问题，心情也会忽然开朗。所以，心里若是充满阳光，人生即便下雨，也会变成温暖大地的春雨。

前阵子通过媒体报道，得知有两个兄弟，哥哥叫阿明，弟弟叫阿坤，他们虽然家庭经济情况不好，但在困境中坚韧不拔，努力学习，双双考入高校。他们的爸爸是钻孔工人，妈妈是清洁工，双胞胎兄弟来自普通的外来务工人员家庭，实在很不容易。

经过媒体报道后，有很多热心人士，点名要帮助这两位励志少年，愿意在两兄弟上大学这件事上，给予资助。两兄弟却表示："学费的事情，我们希望能自食其力，不接受任何捐赠。学费的来源，今后我们可以去勤工俭学，非常感谢热心人士的帮助。"

用一份生活的乐观，去付诸生活的实践，成为一种日常的生活方式，让乐观和善意成为一种和生活的互为缘起，生活就是修行，原因也就在这里，人生要走的路，更是一条心路历程，能够清醒，能够坚定，去恪守生命那些积极光明的信念，信念的安稳，才是人生的安稳。

我有位朋友，叫晓姜。他作为退役的运动员，用自己的积蓄成立了一家搏击俱乐部。这家俱乐部开始自谋出路到国内的武林风等竞技平台参加比赛。当时他的角色有点像经纪人、按摩师、陪练的总称，不但要熟悉比赛规则、商业沟通规则，还要懂得搏击技巧。

时间一久，他发现仅靠俱乐部还不行。要根本上解决缺少搏击比赛的痛点，唯有创办自己的竞技平台。他开始萌生创办体育搏击平台的想法。虽然初心是解决就业、增加收入，但等到真正做赛事的时候，他发现光是市场调研和营销两项工作就非常复杂，远非训练运动员参加搏击比赛那么简单。

困难之时，他想到了找自己朋友帮忙，但他的朋友对于新型的产业并不看好，还给他泼冷水，得不到资助的晓姜，积极地看待现实问题，决定自力更生，自筹资金。他与家人商量想把自家的住房进行抵押，起先无法得到妻子的理解，为此还抱怨他。晓姜做通妻子的思想工作，把对社会做大贡献放在前面，等企业开展业务后就会有盈利，到时再重新购买住房。

"在逆境中向前进，凡事都往好的方面想。"终于得到了家人同意的他，拥有了启动资金。随后，晓姜把自己的企业发展壮大为一家知名搏击运动公司。他还进一步将赛事与电视台合作，扩大公司的影响力。

对于自己从逆境中奋起的回忆时，他这般感叹道："我们那时候真是恨不得 1 个人当 10 个人用。遇到国际赛事，要懂好几种语言进行反复沟通，运动员的器材和比赛用品均需要从各地空运过来，那时公司每个人都已不得能够有三头六臂来办这些事。"

创业 4 年后，时间证明晓姜的品牌国际化战略、规则通用化战略是正确的。不仅吸引了多名国际顶尖拳手参赛，而且每一场比赛都影响着拳手的世界排名。他说："创业要有积极的心态，以及坚持到底的毅力。"

对于成功的人来说，逆境只是脚下的一块垫脚石，他会笑着踩着它继续前进；对于能干的人来说，逆境是一笔巨大的财富，用它去搏击下一次的苦难；对于弱者来说，逆境是一个万丈深渊，他会束手无策、坐以待毙。

我认为，积极是应对逆境的最好方法。处于逆境之中，就犹如在逆水行舟，当划过了这段最艰难的河道之后，我们就会感到一种放舟千里的喜悦。

在社区工作的芳姐很有爱心，她在工作中发现接受社会救助的人，许多是残疾人和心理障碍人群，而这群人，比起身体疾病，心理疾病更可怕。这就给她的心里种下了帮助这些人群的种子，首先她自学考取了心理咨询师和助理社会工作师的资格后，在社区租了个一室一厅，成立了爱心屋。

爱心屋作为社会公益组织，为残疾人及心理障碍人群提供心理咨询、就业指导等服务，帮助他们走入社会、自食其力。社区工作者工资微薄，芳姐开办爱心屋的钱还是找姐姐借的，好在家人都十分支持她。

她的所作所为，影响到女儿，其女儿读大学期间，每年寒暑假都跟着母亲一起做社区义工。并在爱心屋内给残疾人做康复训练，人们都非常喜欢这对"母女义工"。芳姐女儿大学毕业后，本想去上海工作，但芳姐建议她到更艰苦的地方去。听取了芳姐的建议，她的女儿当了一名支教老师。

生活的路在眼前，也在不断向前。有什么样的心态，就会有什么样的生活经历，简单的柴米油盐中，却承载着生活不一样的百味。一个人的人生过程，是自己的心地转化和创新生命的状态。俗话说，修炼自己的正果。

最近，阅读分享会中，来了一位热爱文学创作的新朋友。她是位"高位截瘫"的患者，她此生所遭遇的不幸，足以夺去生命。可是她有坚强的信仰，以坚强的态度面对袭击她的苦难。她能冷静思考，不会因为不顺利就情绪化地责怪别人。她积极地进行文学创作，在写作中忘却疾病带来的痛苦。她对我说："人应该积极地认识到在一生中遭遇的痛苦。要理性地思考所处的状况，才能寻求更好的应对方法。"

积极行动起来，生活里从来就没有现成的经验适合自己的人生，你的认识和信念，诠释着自己对生活的理解，并治愈和超越你生活中的伤痛。你得用自己的行动，锻造出生命的风景。可以这么理解，每个人的命运都攥在自己的掌心，和别人无关。

有时我们，身处于逆境时，会产生一些失望的念头，慢慢地失望的念头会渗进思考的心灵，开始腐蚀坚强信仰。就在这个时候需要采取"矫正行动"，就是积极的态度。因为积极的态度总会带来向上的发展趋势，容易想到正确的行动来改正错误。

当我们遇到困难和挫折，不要想着退缩，不要失去信心，要在逆境中斗志昂扬，要在逆境中用笑来对待，要在逆境中用积极的乐观的态度来对待，这样成功就已经离我们不远了。

所以，积极是应对逆境的良方，在困难发生的时候，如能不感情化而是客观的，不以消极的，而是积极正确地进行思考，就能以刚毅的意志采取矫正行动。我们在思考时意志的力量，可以控制心里发生的事情。要阻止消极的想法累积，避免产生失意落魄，不如积极行动起来吧。

■ 挫败才是你成功的真正恩人

窗外的春光明媚，春节休假遇到这样的好天气，有种让人想外出旅行的冲动。而在去年的这个时候，雨夹雪整整阴郁了一周，原定自驾游，也因重度迷雾高速封路而被迫取消。这件被天气挫败的出游计划，放在今天我依然耿耿于怀。于是重新整装待发，规划线路，为余下的日子而尽情欢乐。

其实，正是因为有了前期挫败的经历，这次出行我选择了"临时起义"，行走的线路不长，只沿长江往上游而行，一路天气晴好。由于去年提前预订了住宿和路线，最后也没有实现，还损失了一些预付款项。今年我就选择"机动"，走到哪里就先观景，然后选择旅舍入住。现在不比从前，各地都有林立的酒店，若遇到高速堵车，我也能及时变换线路。

人生与旅行一样，有时你准备充分反而没有机会表现。不要只因一次挫败，就放弃原来决心到达的目的。人生总是得失无常，凡是路过的都算风景。能占据记忆的皆是幸福。等走远了再回首，才会发现，挫败还能让你坚强。

"嗨！大伙，快点吧，我们的上方是一道雪山口。"三年前我曾这样冲着与我徒步行走的马特喊道。马特是我的英文老师，却在这次暑假期间，决定与我们三个黄毛丫头一起作徒步旅行。我记得当时他用不太标准的中文抱怨地说道："天知道我怎么会让你们说服上这儿来。"看得出来，他正在努力适应高原上的稀薄空气。其中一位女生也附和地说道："感觉背包越来越重了。"

我们一行出于年轻和冲动，从上海虹桥机场乘飞机至四川进入藏区边缘，这里有一些让人神往的雪山。当时并没有经过多少的考虑，只是决定出来放松一下，在城市中生活的人，总有种对大自然的向往。在决定这次高原徒步旅行之前，虽然做了一些所谓的"攻略"，但实际上，途中几乎没有起到什么作用。

预定的住宿点还在好几公里以外，可当时的天却马上要黑了。

"到不了预定的地方了。"另一位女生说着，她的声音又细又弱。我知道一天高原的行程对于没有经验的我们来说，实在太困难。由于体力不支和受到高原反应的影响，前进的速度慢得惊人，到最后一小时只走了二公里。

"如果到不了预定的驻地，那么我们就准备在此露营吧。"因为我是组织者，所以充当起了这次四人组的队长，获得大家一致同意后，我们各自支起了简易的帐篷，点上篝火驱寒。第一次在荒凉的高原上露营的我们既害怕又担心，这种紧张的心情，也使得我们一直都保持着警觉。

所幸，高原有些阴冷而并没有下雨。经过一晚睡眠，在第二天的一早我们就动身继续赶路，对于高原的环境似乎有些适应了，步伐也不像先前那般凌乱，而是配合着呼吸，每向前迈开一步都保持着后续的力量。注意了呼吸和脚步的节奏后，前进的速度明显加快了，同伴们压抑着观赏风景的兴奋，仅在中途休息时，才拿出相机留影，这也是保存体力的一种有效方法。

我们满怀着希望，在快要到达驻地时，马特老师却因脚滑而摔倒，左脚扭伤。我立即从背包里找出了止痛喷雾剂为其敷药。这虽不算是什么遇险，可还是急坏了其他几位女生。而马特却十分乐观地说道："这该死的GPS，怎么也无法锁定这里的信号。"原来是他看GPS导航而分心导致失足。

"没什么要紧的，还有不到三公里就能到达我们的目的地了。"我给大伙打气,让他们不要因为受到一点挫败而对前方的胜利丧失希望。整装待发后,我们轮流搀扶着马特前行。谢天谢地,终于在第二天日落的时候,我们到达了驻地。

旅行就像你的人生,有时目的地只去一次,为了不白来这一遭,你就要从快乐开始,做想做的事,做错了不必后悔,不要埋怨,没有一次旅行是一帆风顺的,也没有一个人生是没有缺憾的。跌倒了就爬起来,继续向前,在挫败后的路上,相信你会走得更加稳重。

其实,挫败是一道家常的小菜,它时刻会出现在你的生活中,并与你如影相随。如果你不接受挑战,就不知道人生还有如此激情的生活。如果你没有受过挫败,那么你的人生将毫无精彩可言。在现实生活中,往往受到挫败者会给别人泼冷水。他们主观上认为:我不行,别人也不行。或是我自己做不到的事情,万一别人做了,那会让自尊心受伤,故而不能让别人胜过自己。或是我对这件事不了解,你也肯定不能成功。也因为如此你才会从挫败者演变为失败者。

当你遇到给你"负能量"的人时,一定要远离他。成功者是不会向别人泼冷水,更不喜欢为失败而找理由,他们更善于为成功找方法,因为只有坚强的意志,才能找到更多的办法来应对困难。挫败并不是你成功道路上的路障，它是给予你继续努力下去的恩人。只是成功者在受到挫败后适时地鼓励自己，积极面对自己不懈追赶的目标，并不陷入消极沮丧中。

所以，挫败才是你成功的真正恩人。在挫败时不畏惧自己的失败，而能找出失败的原因，从而得到自醒，这才是一位成功者所做的事。你不要被困难吓倒，更不要被"负能量"击垮，要知道成功从来不是一蹴而就的。

■ 你足够强大了，谁都会在乎你

我们都希望自己是特别的，是与众不同的，是比别人更优秀的。可我们都是普通人，走着与普通人一样的路，喜欢安逸、喜欢遵循旧的方式生活，如果你不想有普通人一样的结局，那么就应该找出自己的强大，这样能让上天都帮助你。超越平凡的自我，充实自己的头脑，练就一身过硬的本领，展翅飞翔，向自己的梦想飞去，向自己的理想出发。

以上那些冠冕堂皇的话，也许你对自己说过无数次，但每次都在原地打转，并不付之行动。口号人人会喊，能做到的又有几人？之所以你还是一个普通人，是安于自己成为一个普普通通的人，做事情循规蹈矩，只会按标准的职业流程办事，不会早起或是熬夜，也不去实践自己的梦想，更不会去运动或是健身，你只会做其他所有人都会做的事情。

而我的朋友陈林选择了与普通人不一样的生活，他从小就是个无线电爱好者。他从矿石收音机到真空管收音机，后来再到半导体收音机和电视机、录音机、摄像机，都能组装和维修。高中时他曾利用理发推子的原理，帮农民制作了一台简易的收割机模型。可喜欢电子的他却上了医学院，毕业后成为一名医生。

如果陈林的人生按部就班，那他工作到现在应该是一名墙上挂满锦旗，年龄接近退休又德高望重的老医生。可陈林就是有那么一点不同寻常，他不满足于两点一线的工作，在业余时间就想着自己还能干点什么。

在他 50 岁的这一年，辞去了本地医院副院长的职务、与他的夫人，蹬起了三轮车，卖他自发研制的速冻馄饨。现在 65 岁的他已经拥有自己的食品工厂，产业亦远销海外，每年创收近亿元。陈林也彻底地走出了"普通人"的行列，如果他的内心没有足够强大，是下不了颠覆自己命运的决定的。

他接受我的采访时说："有一年冬天到哈尔滨出差，看见当地人包饺子一次吃不完就放到户外冻着，我想苏南地区的人喜欢吃馄饨，如果把馄饨冻起来那不是既能保鲜，又能节省制作过程的麻烦，每次吃只要拿出来直接煮就好了。"

陈林有了这样的想法，就立即行动起来。回来后就实验速冻馄饨的制作方法。馄饨不同于饺子，面皮薄，一次性制作多了不能成型，而且馅料中的蔬菜必须先焯过水，去掉水分后包出来的馅，才不会塌陷。经过他与爱人的反复试验，用三个月的时间从原料配方到制作工艺过程，从单个粒重到包装排列，从包装材料到包装设计，从营养、卫生到生产、搬运等都拿出了整套的方案。

他对于发明是着迷的，这与他从小喜欢自制各种发明的喜好分不开。陈林说有一年医院里有一台价值几十万元的大型 X 光机，被水淹后坏了，他硬是利用几个星期的业余时间把它拆开修理好了。

当初陈林下定决心辞职的这件事，除他的爱人理解外，其他人都无法理解。然而，陈林是有他自己的打算，当他制作出"速冻馄饨"后，带着他发明的速冻模型到上海的副食品市场试试销路时，谁知这一试立即有人与他签下一批订单。

医生看来是没有时间当了，他把全部精力花在了自己的发明上，不仅为自己的"速冻馄饨"打开了销路，还建立起了一份庞大的产业，于是他下定决心辞职下海专心卖起了"速冻馄饨"，同时开始建设一条"速冻馄饨"的生产线，让本地的"馄饨"走上了工业化的生产轨道。

从医院副院长到卖"速冻馄饨"的私企老板，陈林走了一条非常艰辛的历程。在创业初期，他一个人开着一辆二手旧面包车，拉着冰箱、锅碗瓢盆、燃气灶，到全国各地现煮、现尝地跑推销，可就是用这种最笨的方法，让他的"速冻馄饨"走向了全国。

其实，你比想象中的自己要强大，为什么不改变自己的平淡生活，让它变得精彩起来？也许，此时的你，还在抱怨自己在工作中干的活多，赚的钱少。还在为自己得不到提升，而愤愤不平。你工作单位的上层为什么会忽略你的存在，那是因为你看上去没有什么比别人更优秀的地方，那你为什么还不把自己打造成一个人才呢？

不想被人忽视，首先要先重视自己。如果你不再满足于做普通人，那么以后在工作表现中，将会成为不普通的人，你将尽一切努力去超越普通的人，而不是走走过场，做其他人都能做的事情。相信每个公司都需要人才，并且会给予相应的待遇，因为拥有才能的人，才会给企业创造出更多的价值。

想要成为人才，必须要先充实自己，把自己当人才来进行自我培养。要多学、多问、多动脑筋。自己会做的，别人也会做，别人不会做的而你更应该会做，到这个时候，你就成功了，因为你的能力超越了普通人，这就是你的资本，你的才华。

所以，如果你足够强大了，谁都会尊重你。放开胆子去挑战你的极限，让你的想象达到一个新的高度。不要满足于现状，它只能拖垮你的人生，你只有选择超过普通人，才能有理由每天都进步，才能超越人们的期望，给自己一个惊喜。

■ 再坚持一下，你就能拥抱成功

当一个机会在你面前时，你是自信地拥抱它，还是等它离开后才后悔地说出"本该可以……"这样的话呢？我常会听到一些人抱怨，有些成功就放在眼前，不是自己没有看见，而是自己没有坚持。是的，只要你再坚持一下，就可能拥抱成功。

如果你每天进步一点点，哪怕是百分之一的进步，那么有什么能阻挡得了你最终的成功？一个企业，如果每天能坚持进步一点，那么还有什么能抵挡住它最终的辉煌？竞争对手为什么会被打败，只是他们忘记了每天要进步一点，才会落后于现状。

我认为成功的秘诀就是："坚持、坚持、再坚持。"持之以恒，不轻易放弃。一步一个脚印，一步一个目标。一切值得追求的事物，都应该执着地去追求，只要再坚持一点点，成功的大门就会为你敞开。

记得有这样一个小故事：从前，有位青年的农民卖掉自己的全部家产，到金矿的山头去找矿藏。他用自己的积蓄买下了一块山地，可不论他如何努力，始终找不到金矿，然后他只得失望地回去。而另一个农民听说了他的事情后，就从他手里买下了那片已被挖掘得乱七八糟的山地，并请来地质专家，对现场进行勘察，得到的结论是如果再挖深一点就能遇到金矿。这位农民按照指点果然找到了丰富的矿藏。

也许你离成功只有一步之遥，为什么不再坚持一下。坚持，是生命的一种毅力！人生因有梦想而充满动力，哪怕你每天迈一小步，就不会停滞不前。

所以，再坚持一下，你就能拥抱成功。许多成就大事业的人，都是从一点一滴在努力中创造和积累着成功所需要的条件。任何人都需要通过不断努力才能凝聚起改变自身命运的爆发力，坚持积累，才能有所成就，成功就是需要你再熬一下。

■ 每个伟大的人物，都有一段沉默的时光

生活总是让你遍体鳞伤，但到后来，那些受伤的位置，一定会变成你最强壮的地方。好好忍耐，不要沮丧！积极

与乐观将让你成为一个优秀的人，虽然你可能要经过一段沉默的时光。但这段时光，是你付出了很多努力，忍受孤独和寂寞的日子，在日后说起时，你连自己都能被感动。

每个伟大的人物都要度过一段沉默的时光。面对随时降临的困难，你习惯向生活问答案，但它不会把一切都告诉你，而会在你往后的日子里，在体验艰辛与磨难的时候，把你多余的东西一点点剔除，那时候你就会知道，经由时间检验而沉淀下来的才是真理。趁阳光正好，趁微风不燥，趁现在的双手还能拥抱彼此，趁我们还能呼吸，去见你想见的人，做你想做的事。

不抱怨，不责难，不断地努力，忍受着每晚孤独与寂寞。请坚信，在黑暗中也能盛开出最好的花。但你从未后悔自己度过的人生，从未后悔自己度过的每一种生活。也许你曾抱怨生活的苛刻与残忍，曾痛恨生活给予的痛楚与伤痕，并一度自暴自弃，放弃追逐。但没关系，站起来，重新正视自己脚下的路，再次出发。

沉默有时犹如一场漂亮的太极，它能给你冷静思索的时间，同时也将问题抛回给提问者，要不失风度地以柔克刚，"祸从口出"和"说多错多"并不是危言耸听。在某种意义上，保持缄默的确是一种低调的品德。

我的同学小余在刚毕业参加工作时，他所在的公司常常开会。他和另外几位新来的实习生是会议上最踊跃的几个积极发言的，若有一时轮不上说，还要发急。主管们自然是会笑着并肯定地说："年轻人有斗志、有激情呀！新的想法非常好，要多多支持。"一些老同事也会连声称道："我们老了跟不上时代了。"

于是，小余也跟着沾沾自喜起来，觉得浑身充满了使命感与荣耀感，更加卖力地发光发热。可实习期满转正的时候，让小余没料到的是，他和那几个新生都没有通过转正，反倒是平时沉默寡言的人，居然全票通过。他们又惊讶又不服，集体找到人事部，但无果。

当时作为同一届的校友，我们都羡慕小余工作积极又主动，能进入一个好公司，他又表现得十分勤恳，可怎么也没想到他却因为"多话"而失去工作的机会。在同学小聚时，他告诉我们："领导并不一定喜欢多话的人。多话意味着冒失、张扬、不稳妥。在没有深思熟虑后就讲出的观点，绝大多数并不能有力地说服他人，自然更无法让领导采纳。"

是的，有时说者无意，听者有心。虽不是每一句话都会激起矛盾，但在职场中说错话往往能成为危险的伏笔，不知在什么时候就被拎出来、被放大、被演绎，进而变成致命伤。一起工作的同事也不喜欢多话的人，在他们看来，多话意味着出风头、抢业务，可能还威胁到自己擅长的领域。如果再有触及实际利益的方面，隐藏敌对情绪就一触即发。自知吃亏的小余，在第二份工作的时候，谨记言多必失的教训，做到了"不多话"。所以，当他想要沉默时，成熟才刚开始。

在一个相对复杂的大环境中，遇见棘手问题时"千言万语不如一默"，沉默适用于所有不善于人际交流的人：不会说话没关系，不说话总会吧？当然，不多话不等于不说话，更不是自扫门前雪。而是要先谋定后行动，三思而后行，考虑周全后再开口，每一句都是画龙点睛，才能让自己的每一次开口都有价值。

人总要亲自把心捧出来，在枪林弹雨里走上一遭。待到千疮百孔时才知道疼痛难忍，才懂得生活残酷，才会主动去寻找那一面"护人护己"的护心镜。你尽可以堵上自己的耳朵或者捂上自己的嘴巴，要习惯用沉默辩护，别忘记正是自己的沉默在为这种压制添砖加瓦。

这让我想到一件事。那是我在东南亚旅行的时候，走到一个小镇，见到一间漂亮的别墅，它的外墙上爬满了美丽的粉色蔷薇。有一位老先生，正站在梯子上认真修剪着那些蔷薇的枝叶。这时他身边的一扇窗子被打开，是位老妇人表情焦躁地探出头来。她用语速奇快的泰语，冲着老先生大吼大叫。虽然我听不懂她的语言，但能感受到她强烈不满的气息。那位站在梯子上的老先生聆听着老妇人的吵闹，依然慢慢地修剪着枝叶，保持着优雅的沉默。

直到吵闹完毕，他才停下来。剪下身边一朵开得最盛的粉色蔷薇露出了微笑，他拈起它，递向了窗口的老妇人。那一刻老妇人脸上突如其来绽放出笑容。那是我见过最动人的沉默，那天下午的阳光很好，暖融融地晒在他们的身上。

沉默可以应对一切，带着微笑与爱的沉默则更胜一筹，在应对的基础上，它可以治愈一切。它是一种风度，更是一种品格。它是人们情感升华和自身修养的提升，是一种淡泊宁静的精神和气质。沉默也是一种山雨欲来风满楼的前奏，是一种广袤高远的巍峨，是震撼突破的飞跃。你学会了沉默，就是学会洒脱，学着超越自我。

第四章

自信就是你能力的催化剂，将人的一切潜能都调动起来，它将你各部分的功能推动到最佳状态。而高水平的发挥在不断反复的基础上，巩固成为人本性的一部分，将人的功能提高到一个新的水准。拥有了自信，你足以击败成功路上的一切阻碍。

■ 让生命拥有坚强的自信力

在自信的气魄里，我们快乐地生活着。在等待中，我们更认清了自己。保持自己的活力，让生命拥有坚强的自信力，就是要将生命的特性激发出来，因为坚强的信念，使我们格外美丽。

在与人交往时，可以通过改变自己的言行举止，来改变自己的心态。比如，当我们昂首挺胸时，就会显出煞有介事、成竹在胸的自信样子。反之，如果你含胸哈腰，一脸苦相，不仅自觉气短，别人也会觉得你了无生趣。

无论是生活还是工作，随时都要有自信的表现，当与陌生人相遇，作自我介绍时，可以同时采用下列三项行动：第一，伸出双手充满热情地握住对方的手；第二，正视对方的眼睛，伴以友好的真诚；第三，笑着说："我很高兴见到你！"这样，你会发现：你的热情感染了别人，你的大方取代了害羞，你的自信代替了自卑，你的勇气代替了胆怯！

最近，有一位企业负责人打电话告诉我，说我推荐的朋友已被该公司聘用。

"你知道你那位朋友凭哪一点打动了我吗？"该负责人在电话里反问我。

"哪一点？"我很好奇地问他。

"你的朋友在自我表现上与众不同。大部分来求职的人，在进入我的办公室时，都有一些恐慌。回答的都是他们认为我想要听的。说实在的，他们对任何事物都毫无主见，但是你的这位朋友却是个例外。他尊敬我，但同样重要的是，他也尊敬他自己。更不简单的是，他发问次数几乎和我问他次数一样多，我觉得他是一位有主见的人。"

正视别人，是承认别人的优点，每个人都有值得自己学习和效仿的地方，不能只看到别人的优点，而看不到缺点。既不可盲目拔高别人，使自己匍匐在地，也不可无端贬低别人，使自己高高在上。对人对己，在人格上要保持平等，既不崇拜任何人，也不鄙视任何人。

正视自己，即要有自知之明。不仅有自知短处之明，也要有自知长处之明。如果与人相处，内心应这样想：他是个重要人物，我也是个重要人物，现在是两个重要人物在一起，正共同探讨双方互利的事情，或正谈论彼此都感兴趣的话题。在对方占优势时，要谦虚，但不自卑；在对方占劣势时，要庄重，但不自傲。

可有自卑感的人，总是畏畏缩缩，不敢走向社会。小聂是一名中文系的大学生，很快就要毕业了，面临着分配和走上社会，有的同学在自寻出路，她很羡慕他们，但是她非常害怕和人交往，尤其是陌生人。她只要想到自己去找工作，将单独面对素不相识的人，由别人品头论足求职面试，就会心跳不已，手脚冒汗，脸上发烧，产生一种无地自容的感觉。

小聂的性格一直比较内向，虽然从小学习就很好，可一直不敢举手回答问题。小聂很害怕老师叫到她，尽管课堂上老师那些问题她都会回答。若老师叫到她回答时，就会手足无措，把已熟知的问题答得结结巴巴，丢三落四的。怕老师当众提到她的名字，哪怕是表扬，都会让小聂有种不敢抬头见人的感觉。对毕业后的工作和生活，她很灰心也很焦虑。小聂是学中文的，无论是当编辑、教师还是文秘都要接触人，这让她很害怕。工作是人生价值的重要体现，面对着外面的大千世界，她产生了一种恐惧。

可是，生来什么都不怕的人几乎是很少见的。每个人的情况不同，都会有自己惧怕的东西，如有人怕蛇，有人怕狗，但是在社交场合，如果"见人便脸红，言语更慌恐"，无疑是社交中的恐惧心理，成为社交的心理障碍。

社交中的恐惧心理是越自卑的人，越是带着一副厚厚的自尊面具。自卑与自尊又是一对孪生兄弟。有多深的自卑，就有多强的自尊。其实，每个人都渴望自我实现，都有自尊需要，都期望自己得到公众的尊重和喜欢，但这仅仅是自己的一种希冀，能否在事实上得到，则取决于公众对自己言行举止的评价和肯定。

但一个人在社交中过分自尊，让这种心理占据指导和支配地位，就会担心自己的行为是否失当，怕人们会这样那样地看自己。有时甚至会不愿与比自己强的人交往，担心相比之下，会掉自己的"价"，这样恐惧心理也就不请自到了。

甩开恐惧心理，就要扬起自信的风帆，要学会拥有自信，因为它是成功的关键。要做一个有自信力的人。因为有信心的人，可以化渺小为伟大，化平庸为神奇。

小殷正值花样年华，正当人生扬帆，但她不但失去了女性引以为傲的胸部，还要与死神并肩，忍受病痛的折磨。仅在两年内，她被诊断出左侧乳腺癌变，需要切除左乳。随后她又被确诊为乳腺癌，且有癌细胞转移的可能，这也意味着她的生命很可能就这样终结。这样接连的打击是一个家庭无论如何无法承受的，她的母亲甚至不愿相信医生的诊断结果，不能接受癌细胞已经转移的事实。

她的丈夫一度手握诊断书泣不成声，小殷曾决定癌细胞一旦转移便不再治疗，不愿家人再因此而受折磨。但是历经两次手术后，小殷依然是微笑着的。她的丈夫陪着她等待检查结果，在手术前给她鼓励，用相机记录下两人生活的点点滴滴……小殷是不幸的，乳腺癌让她无时无刻不在为生命担惊受怕。她又是幸运的，丈夫的陪伴让她可以勇敢向前无所畏惧。

命运虽在她的胸口留下疼痛的"印记"，她却洋溢着自信说："世界以痛吻我，我仍报以欢歌。"历经两次乳腺癌切除手术，两次与死神擦肩的她已然对生命有了全新的感悟。为了让自己的生命更灿烂，小殷举办了个人影展，没有专业的评委，却有着深情的情意。她又自信地穿上泳衣轻松调侃自己"单峰驼"，又变成了"太平公主"。她接受了高空飞行挑战，无惧高空，在空中绽放出灿烂的笑容。

感动于她对待生命的那份坚强，她自信地活出了不一样的精彩。当你面对死神的追逐时，你是否能拥有像小殷这般，洒脱的自信。享受着生活的分分秒秒，拥有着富足的精神生活和积极向上的人生态度。我们应成为克服自卑的强者、生活的强者、挑战自我的强者。

正因为拥有了自信力，它让你的生命更加坚强。所以，要克服自卑，必须给自己增加自信力，最重要的还是更新自己的观念："首先要学会正视别人，其次是学会正视自己。"当清晨第一缕阳光照在脸上时，要对朝阳说："我自信！"当夕阳西下，夕阳的余光洒到身上时，要对夕阳说："我自信！"

■ 不同情自己的脆弱，只鞭策自己更努力

生活有时就是在演戏，你演的是你自己。有时为了表现自己阳光与刚强的一面，不得不把你的脆弱伪装起来。不论是苦也好，痛也罢，都不能拿出来示人，因为你不需要同情。成就也好，荣誉也好，也不是拿出来寻求尊重的，那样只会让你变得满足现状，不思进取。

不同情自己的脆弱，只鞭策自己更努力。不管是真心也好，还是情非所愿也罢，把自己的脆弱示人不会得到别人的同情，反而会被别人看笑话，让人觉得你懦弱。那么此时的你会如何处理自己已经泛滥的情感呢？唯有化伤痛为力量，振作自己。

没有不痛苦的人生，痛苦使人变得脆弱。人生苦难重重，而人生的目的就是在克服一个又一个痛苦过程。它就像一棵生长茂盛的大树，主干就是痛苦，其他树干是人生的许多组成部分，学业、事业、婚姻、家庭，接

着是无数分叉连着树枝的树叶，每一片都是具体的痛苦。

对于燕子来说，她习惯一个人伏案写作三四个小时；一个人安静地看书一两个小时；一个人默默地跑步一个小时；一个人在家做饭、散步、听音乐都不觉得寂寞。她甚至可以一个人跑到餐厅点菜吃饭也不觉得有什么别扭，总之只需要一个人做的事情，还可以列举出许多。

燕子的性格不算孤僻，她只是喜欢独处，喜欢享受一个人的世界。她从小到大都过着集体生活，直到工作。与我同在媒体工作的她，过着和新进的同事一起合租的生活。燕子不觉得与别人相处有什么问题，但她确实常常需要一个人待着。

媒体这份工作不是那么容易干好的，每周至少有 4 天，需要清晨 6 点就出门，为了能赶上采访任务，每个新闻工作者的手表都会调快几分钟，这样是为了不错过采访时间。有时赶早工，会来不及吃早餐，一般上午和下午分两场采访，中午和傍晚时就必须赶回单位进行新闻稿件的撰写。当天新闻必须在很短的时间内出稿，并通过编辑的初审和值班总编的终审。

作为刚入行的年轻记者燕子来讲，每天再忙碌也要准时出稿，这是必须要做的事，而兼带校对的燕子，就要比其他记者多做一项工作，就是每日出稿与编排版面的最后，还要进行部分版面的校对，这是一项非常辛苦的差事，可报社为了培养出色的记者，这校对一行是新人必须要磨炼的基本功。

为了工作辛苦地付出，在燕子眼里都不算什么。当她受到委屈的时候，没有同伴可以倾诉，也没有父母可以庇护，只好用哭泣来发泄自己的情绪。每当发泄完后，她又能看到自己身体中蕴含的力量与勇气，并继续努力地工作下去。

其实，我们都是名著《西西弗的神话》里的那个西西弗，不断重复地把痛苦之石推向山顶，直到死亡，人生的痛苦才彻底结束。也许你也是这样，在遇到生活中的不如意时会想，为什么活得这么苦、这么累？为什么生活这么悲催、压力这么大？为什么人生这么痛苦却还要坚持下去？在情绪冷静之后，你依然会努力前行。

脆弱的时候，还是要假装坚强。把它当作自己生命里不可少的一种磨炼，直面脆弱的时候，你可以掩面而泣，但抬起脸时一定要展示出微笑，这表示你对命运不屈不挠，你并不投降和认输，你有自己的坚持。脆弱的侵蚀反而能让你鞭策自己，需要更加努力。

如果在生命中你经历的痛苦仅仅是痛苦，而无法将这种痛苦转换成人生的养分，去灌注自己内心坚强之花，那么你也许一辈子都将生活在痛苦与脆弱的阴影里，就此与你的坚强无缘，与你的自信无缘，与你的存在感无缘。因为你所做的一切，都无法得到别人的认可。

　　所以，当苦痛来临时，你不需要同情自己的脆弱，只要鞭策自己，让自己更努力。同情只能带来别人的藐视，不如自己从脆弱中自信地站立起来。可能你一时无法面对自己的脆弱，但一定要让自己变得坚强。不是你必须要自己坚强，而是你正走在变得坚强的路上，你必然会坚强。

■ 相信自己，将笑柄变成奇迹

　　有些事情，不是看到了希望才去坚持，而是坚持了才有希望。多少人在异地工作，忍受着孤独寂寞，下雨没人送伞，开心没人可以分享，难过没人可以倾诉……人生就是这样，耐得住寂寞才能守得住繁华，在失落的时候，不要在意别人的冷言冷语。要相信自己，才能将别人的笑柄，活成自己的奇迹。

　　休长假期间，我去了一次远方，回来上班时，同事们都关心地问我："时差倒好没？"我很自信地说："本人身体好，没感觉什么时差。"忙忙碌碌工作的一天过去了，还真以为自己那么厉害呢！吃完晚饭后，想在跑步机上慢走一会，走着走着瞌睡来了，差点没摔倒，估计是时差问题。

幸亏被电视传来的一阵高昂美妙的歌声"今夜无人入眠……"惊醒，我使劲睁开眼睛看，电视里正在介绍尼克·胡哲。他是个能感动无数人的励志人生，我被他积极、乐观的人生故事所吸引，看着看着瞌睡也没了。

尼克天生没有四肢，但是通过努力，他对游泳、冲浪、玩电脑、踢足球、打高尔夫球、高台跳水均情有独钟。他也著书、演说、财务管理，无所不能。原本是一个被同情的人，应该被照顾的人，但他却成为激励人们成材的人。他用自己亲身经历鼓励着这个世界，给大家以勇气，给人们以希望。

出生于澳大利亚墨尔本的他是家中长子，出生时就没有双臂，也没有双腿，唯一有的是在臀部下面长出的两个脚趾头。父亲看了，满脸忧愁；母亲见了，伤感不已。很长时间尼克的残疾，不能被自己的父母认可。直到出生半年后，父母才肯抱他，逗他玩耍。

小时候，他没有朋友，也受尽欺凌，直到有一次，他用头部狠狠地回击了一个欺负他的男孩，把那个男孩撞得头破血流，从此，那些淘气的孩子见到他时，都是毕恭毕敬。

由于自身残疾，少年时他曾多次试图自杀，但没有成功。他曾声嘶力竭地大喊：让我死吧！让我死吧！母亲哭着说："你不能死，你要好好活下去。"尼克的母亲给他讲了一个残疾人自强不息，自学成才的故事，给了他生活下去的勇气和信心。

他开始变得开朗起来，异想天开的他想学游泳。父亲就把他放入游泳池，他先在水上学漂浮，后来竟学会了游泳；他想学电脑，父亲就教他打字，他打字的速度达到每分钟43音节；他也可以利用特殊的装置，给自己刷牙、梳头、洗脸、做饭，他喜欢连跑带跳爬楼梯，喜欢潜水、冲浪，也喜欢高台跳水、开水上摩托艇。在夏威夷冲浪时，他可以在冲浪板上完成360度旋转，因此他登上了《冲浪》杂志的封面。他喜欢踢足球，还喜欢打高尔夫球，他喜欢各种各样的运动。

他给自己定下的人生目标是以帮助他人为己任。自己身体残疾，还想帮助他人，这不是痴人说梦吗？他不理会别人怎么说，开始广交朋友。上中学时，参加学校竞选当上学生会主席。后来，他开始演讲，并想当一名真正的演讲家。为了有一天能到中国演讲，他还学过一年多中文，能听懂一些语速慢的话。

通过努力，他还考上了大学，并获得会计与财务规划双学士学位。毕业后，他开始投资房地产，成为一家高科技公司的总裁，又任国际公益组织"没有四肢的生命"总裁及首席执行官。在2009年时，他出版了励志

DVD《神采飞扬》和自传式励志书籍。

他觉得没手没脚，也许是上天的安排。但他可以自己吃饭、喝水，走路，喜欢和肢体残疾的人们进行跑步比赛。他没结婚，也没有女朋友。他幽默地说：女性都喜欢跟我在一起玩耍，因为她们不用担心我会手脚不老实。他还在节目中乐观地说："虽然我不能牵着我未来妻子的手，但我可以拥抱她的心。我能体会到别人的痛苦，并愿意帮助别人解脱痛苦。"

获得成功的他，秘诀就是将别人的笑柄转化为自己的奇迹，并且从不言放弃。比如，他学游泳，不论海浪多大，只要屏住呼吸，就能浮出水面。生活中遇到困难，他都要找到解决问题的最佳办法，走向成功。他说："人生最可悲的并非失去四肢，而是没有生存希望及目标！相信自己能改变命运。"

我们通常所说的才华，不过是经过长久的努力，拼搏而来。所谓才华撑不起梦想，不过是坚持的时间太短。我们和梦想之间，所缺的只是时间而已。看着那些闪闪发光的传奇，真的离我们很远吗？它其实就潜伏在我们身边，潜伏在每天拼命挤地铁的人群中，隐藏在大学图书馆寂寥却坚忍的灯光下。

每个人都曾爱做梦，但绝大多数人输在醒得太早。可能在心里先就认定了自己不可能做成某些事，于是

"明智"地选择了激流勇退，转战到另一个似乎更加切实可行的目标。而其实，很多看似不可能的事情，都是由普通人一步步做出来的。

就像出生在广东一个普通农村家庭的阿雷，他由于家境一般，父母从小就对他严格要求，希望他能够努力学习，将来跳出"农门"，改变自己的命运。

然而，天意弄人。一向成功优异的他却高考失败。落榜的那个夏天，他心情摔到低谷。对这个世界的热情仿佛随着这场考试一下子全部消失了。从此，他整天躲在家里不敢出门，因为他害怕世界的嘲笑。

有一天晚上，他起来上厕所，途径父母的房间时，无意间听到房内一阵隐隐啜泣声。原来，是他的母亲在委屈的哭泣。父亲轻轻地安慰她："你别把那些女人的话放心里去，他们都是一群大嘴巴。"母亲哽咽地答道："我不在意别人辱骂我，但是她们不能侮辱阿雷，不管怎样，他都是我最骄傲的儿子。"

听到这里，阿雷知道发生了什么。也在那一刻，他的眼泪默默地流了下来。他暗自告诉自己，为了爱自己的母亲，为了那些铺天盖地的嘲笑，他需要站起来，重新证明自己的能力。

为了不给家里增添负担，阿雷没有选择复读，而是选择去一所专科学校就读。他相信，别人的嘲笑总有一天会变成赞扬。他入读大学后，学习热门的游戏专业。在大学期间，他对手机软件产生了浓厚的兴趣，经常利用课余时间临摹手机桌面，上网游览最新的技术动态。

这时又有人嘲笑他："你每天关注手机信息，这样就能有好前途？"对于别人的不理解，他一笑而过。大二时，他决心与人合作做 UI 手机软件设计。然而，这个想法一说出来，班上的很多同学都扑哧笑出声来，说："你真的不愧是姓雷，连说话都是这么雷人。连重点本科院校的学生至今都没有这个能力，就凭你一个名不见经传的小专科生也能搞成这么大的事，那名字可以倒着写了。"

阿雷听后只是微微一笑，这么多年来，他所遭遇的嘲笑不绝于耳，早已懂得放下。他决心坚定自己的信念，踏着别人的嘲笑，勇往直前。三年后，阿雷到深圳，在一间终日不见阳光的出租屋内，组成一个 6 人团队，开始了手机软件开发之旅，最终获得了成功。

其实人与人之间最大的差别，不在于出身、相貌、学历，而在于所面朝的方向。在荆天棘地的人生道路上你能走多远，很大程度上取决于一路上，你怀揣的那个梦想。年轻人，最重要的品质，便是要善于创造并坚持梦想。不要看轻自己，不要总去怀疑，你是否配得上自己的梦想。为什么不反过来看看呢，你的梦想，它配得上你吗？

所以，相信自己，一个有梦想的人，一定不会去嘲笑另一个人的梦想。只有碌碌无为的人，才会害怕别人因梦想脱颖而出，被梦想带离他们平庸的行列。嘲笑的背后，其实暗含着恐惧。在这世上，那么多鼠目寸光的人，而你，是否下定决心，和他们一样？或者，你敢不敢，为自己人生的戏剧，写下天马行空的大纲？青春，那么短暂，如果你不能给自己一张耀眼的文凭、一段荡气回肠的爱情，那么你还可以给自己一个会遭到嘲笑的梦想。因为，相信总有一天，你会将笑柄变成人们眼中的奇迹。

■ 永远不要低估改变自我的能力

　　永远不要低估自己，你要有改变自我的强烈决心和能力。让自己成熟和进步，与自己较劲和昨天的自己比高下，当你发现改变不了这个世界的时候，需要先改变自己。可能你的一个很小的变化就能产生一连串的连锁反应，最后导致你的人生随之改变。

　　人不能低估自己，这是一种信念。只要用两种态度来对待同一件事，就能很容易地看出人的信念是如何给你力量。如果你觉得一件事不可能做成，即便它是可以成功的，可你抱着反正不会成功的心态去对待，结果也就办不成。相反，本来没有指望的事，如果你认为一定能办成，那么事情就有可能会办成。

一位在地产公司任营销主管多年的朋友，为人勤奋也熟悉这个地产市场。他在工作中游刃有余。最近，我这位朋友却和新上任的公司老总关系紧张。缘由是他精心策划的一系列营销方案都遭到该老总的无理由否决，这让他觉得新老总不懂业务，以势压人。

而负面的情绪是容易传染的，当你觉得一个人不好的时候，那个人也会有同样的感受。这位新老总也觉得我朋友年轻气盛，过于张狂。结果，在一次公司管理层会议上，两人剑拔弩张，弄得很不愉快，无奈之下他只好考虑辞职。

当我听了朋友的叙述，立即劝他冷静一点，与其和老总"针尖对麦芒"，还不如试着改变一下自己。我对他说："新上任的老总要树立权威，考虑问题的出发点也许与你不同，你完全可以在适当的场合，委婉地表达自己的意见，而不必和老总发生正面冲突。"这位朋友听从了我的建议。几个月后，他兴奋地告诉我，其实老总这人还是很好相处的，他很后悔自己当初的冒失，现在老总非常信任他，工作起来也心情舒畅了许多。

由此我觉得，当我们无力改变周围的人和事时，不如先试着改变自己，改变自己的生活态度，改变自己的待人处事，改变自己的固执己见，就可以找到一把平衡事业的金钥匙。

我又想到一个故事。曾经有一条小河流，从遥远的高山上流下来，经过了很多村庄与森林，最后它来到了沙漠。它想，已经越过了重重的障碍，这次应该也可以越过这个沙漠吧。当它决定越过沙漠的时候，发现自己正在渐渐消失。不甘于放弃的河流，试了一次又一次，可总是徒劳无获，于是它开始灰心。它想，也许这就是命运。这时四周响起一阵低沉的声音，告诉它，如果微风可以跨越沙漠，那么河流也可以。这是沙漠在教它穿越的方法，沙漠说："只要你放弃现在的样子，让自己蒸发到微风中，就能穿越我。"

想要让事情变得更好，那先得让自己变得更好。如果想要让事情有转机，一定要先改变自己。在改变的时候，一定不要把自己低估。河流尚且能变成水汽，再由雨点落下汇成江海。虽然看上去形态变了，可是它向往的目标并没有改变，不过是变得更容易到达成功的目的地。

年少时，我也曾踌躇满志、意气风发，梦想着用自己的力量，去改变整个世界。长大后，我又渐渐地明白，自己是无力改变世界的。于是缩小了范围，决定先改变我所从事的行业。但这个目标还是太大，自己还是没有这个能力。接着我步入了中年，无奈之余，试图将对象锁定在最亲密的家人身上，但上天还是不从人愿，他们个个还是维持原样。现在我终于顿悟了：我应该先改变自己。

当你想要改变什么的时候，先要从改变自己开始。如先改变自己，那心境也就会改变，心境有了改变态度就能改变，态度一有改变习惯也就跟着变了，习惯变好了那么你的运气也就变好了，一个小小的自我改变，就能成就整个人生的改变。

可你还在想，如果世界变得好一点，你的生活就会更好点。如果对方能够改变些，你的日子就能变好点。在此先别说改变世界和改变别人了，先谈谈你能够改变自己吗？你可以不再为辛苦工作而埋怨吗？你可以放弃自己最喜欢的食物吗？你可以今天不再自以为是地发火吗？你可以减少一点狂妄自大而每天坚持锻炼一小时吗？

你连改变自己都这么困难，那凭什么会认为，别人就可以为你而改变？我说来说去，不过是让你明白，改变是可以用来交换改变的，前提是你得先改变自己。当你改变自己后，就会慢慢地学会在不完美中感觉美丽；学会尊重每一个人和每件事；学会尊重每一种生活和习惯，也就学会了宽容和理解。

世界不是一个人的世界，它是每个人的世界，而每个人的心里都有一个自我认识的世界。没有统一的认识就没有以谁为标准。人与人的相处也是这样，你改变了自己，学会了包容也就学会了欣赏，用对方的视野去看问题，不知不觉就有了互相间的默契和配合。

所谓"穷则通，通则变"，思维一换，往往"柳暗花明又一村"。不要太自以为是，不要太习惯于自己的想法，不要太习惯于想当然的结论。其实，你不适合跳芭蕾，可以当演员；不适合当演员，还可以练书法；不适合练书法，可以选择玩古董……三百六十行，总有一行你最行。

如果你想要成功，你就必须要改变！如果你不改变，你就只能像以前那样平平庸庸，碌碌无为。所以，永远不要低估改变自己的能力。也许就因你的一个小小改变，而让周围一切改变了呢！改变是具有"多米诺骨牌效应"的，一变则全变，最后当所有的人都改变的时候，也就改变了这个世界。

■ 即使到了绝望边缘，也要给自己喊加油

世界上没有绝境，只有对困境产生绝望的心。面对困境回避不是办法，挑战才有出路，昂扬向上的人在困境中捕捉飞逝的机遇，消极颓废的人在困望里走向沉沦。不要失去你的信念，即使已到了绝望边缘，也要给自己高喊："加油！"

给自己喊"加油"，心理暗示的力量确实很强大。我们每天都在对自己进行着暗示，也随时随地接受着外界传递的暗示。解决困难，不过是改变一下你的思维，而改变思维后的你就可能赢得明天。你的命运有时会不如意，而你除积极乐观的对待外，还要设法让自己变得更好。

前些天，杂志社的编辑部新来一位个子高挑、长相姣好的同事小沫。她微笑起来脸上就露出两个讨人喜欢的酒窝。从外表来看，她就像是家里的乖乖女，她的性格也确实很好。特别是她工作起来也是样样精通，让一些很早就进入社里工作的"前辈"感到汗颜。

在一次偶然的机会中，我得知她的故事。原来，她在20岁之前家境确实不错。父母在当地开了一家服装连锁店，生意兴隆。不过，好景不长，她的父亲因发生意外在一次车祸中不幸去世。家里的顶梁柱突然塌了，依靠母亲一个人，服装店开不下去了。

由于伤心过度，小沫的母亲也病倒了，为了给母亲治病，家里的积蓄消耗殆尽。当时正在读大学的她，最后不得不还未毕业就出来工作。当心情压抑的小沫独自来到上海时，发现上海到处都是高学历有经验的人，青涩的她想在偌大的上海站稳脚又谈何容易。在找了半个月工作无果之后，小沫失去了刚来上海时挑三拣四的心，在朋友的介绍下成了一家饭店的服务员。在厨房帮忙，夏天那里简直就是蒸笼，每天泡在"蒸笼"里，小沫身上总是湿漉漉的。

从早上五点到下午六点，不停地端菜、清洁打扫，有时还要早起负责工作人员的早餐，一天下来连说话的力气都没有了。小沫也想过要放弃，但是自己学历低又没有技术，想要跳槽几乎不可能，于是就这样干了下去。她就这样屈服了吗？当然不是。打工之余小沫报考了一些培训班，她把自己的时间填得满满当当，周一到周三学习日语；周三到周五学习计算机；周六周日，她会跑到培训中心学习自考课程。

就这样，在五年的时间里，她学会了日语、韩语两种小语种，能够熟练使用计算机，她的工作也由饭店的服务员变成了媒体单位的编辑。在低谷的五年，她学习的东西，比大学要学习的东西多得多，这些急速生长的迫切感是人生逆境给予她的。

我们常说，如果你还没有长大，那么你一定没有经历痛彻心扉的磨难。只有人生到了绝境，才会拼命想要向上爬，在这个过程中，你会不断地锻炼自己，积蓄能量，完成一次凤凰涅槃。可很多时候，精神会先于身躯垮下，那就只能以失败告终。

在人生的征途上，最重要的不是财产，也不是地位，而是在自己心中像火焰一般燃烧起的意念，即希望。保持希望的人生是有活力的，而绝望的人生则通向失败之路。在任何时候都不应该放弃信念和希望，信念和希望也是你生命的维系。所以，即使到了绝望边缘，你也要给自己喊加油。只要一息尚存，就要追求，就要奋斗。

■ 做个自信的奋斗者，也是一种快乐

我们常会祝愿别人快乐、幸福、顺利、如意等，其实，这不过是一种美好祝愿而已。因为每个人的一生都不可能是一帆风顺的，我们总会在人生的不同阶段遭遇一些坎坷和挫折，往往持有乐观人生态度者更容易站起来，那就做个自信的奋斗者，也是一种快乐。

乐观的人对生活多持积极的态度，对生活充满热情，即使遇到挫折，也不悲观失望，怨天尤人，而是能够尊重环境，宽容别人。因此，乐观的人过得快乐、洒脱，同时也给身边的人带来轻松和欢乐。

而悲观的人则相反。如果你怀疑自己的能力，一直被自卑感所控制，那么，你必然一事无成。如果你缺乏乐观与自信，就会对自己的美好理想放弃争取，日子也会浑浑噩噩，生活将碌碌无为。

自信搭起的是一个人生的平台，使人有勇气去面对

生活中的问题，并使人保持心情宁静，从容享受生活中的乐趣。陈总是本地小有名气的摄影人，在他的身边永远有一群充满朝气与积极乐观的人，他也是本地摄影界的领头人。用他的话来说，生活就是快乐、健康，不断努力实现自己的梦想。而他的生活与事业也正是因这和乐观进取的精神，过得蒸蒸日上。

陈总最早一次等候日出的时间他已记不清了。他说："通宵拍摄也是常有的事，在傍晚拍日落，在夜晚拍'星轨'，凌晨以后就等着日出。一般一天的拍摄都在这几个时间段，直至中午才会有休息时间。"

"这种日夜颠倒的摄影生活，身体顶得住吗？"那时我刚刚开始拿起相机学习摄影，而陈总早已是这一行的专家能手。我幼稚地问他："为了摄影需要这样地拼命吗？"

"也没有这么拼命，只是觉得应该这样做，这是一种乐趣。当一张心满意足的摄影作品冲洗出来时，你就会有这样的感受了。没什么苦不苦，一切都很值得。"他的话朴实而又坦然。

他是个豁达又开明的人，作为摄影界的领头人总会想尽办法把机会留给新人。他力推好作品，不论拍摄者的资格，也不谈其地位，只用摄影作品说话。他常讲的一句话就是："摄影是你心灵的另一双眼睛，它体现的是摄影者的内心。"

过上幸福的生活关键在于有一颗快乐的心态，这样生活在其周围的人都能感受到快乐。这种正能量的传播是无形的。每一个人都不是十全十美的，都有短处和长处，都具备某一方面获得成功的条件。自信的人可以拓宽视野，可以帮助人发现自己的长处，从而产生一种积极进取的成就动机，激励自己去发挥特长，以达到自我实现的目标。

前一段时间陈总带回一组照片，这是他去北极采风的摄影作品，其中冰山的壮观与雄姿让人惊叹，那些时而出现在他相机镜头中的北极熊，样子憨态可掬。

且不问他如何不畏坚苦走上北极之路，光看他带回来的摄影作品就能明白，这不是一次平常之旅，那些高高耸立的冰山像极了一个人的品质，纯净而又坚韧，外表美丽却内心刚毅。也正是他具有这样的气质，才能聚拢了一群与他志同道合的人，这是他自信而又快乐的人格魅力所在。

自信而又乐观的人永远觉得生活是美好的，要有激励自己奋发进取的心理素质，以高昂的斗志、充沛的干劲、迎接生活挑战的乐观情绪，从大处着眼、小处动手、脚踏实地、锲而不舍地奋斗拼搏，如果积极地采取理智的行动，那么，许多问题都有可能迎刃而解，从而获得成功。

所以，你要做一个自信的奋斗者，这是一种快乐。金无足赤，人无完人。生活中充满了竞争，让自己乐观起来，拥有足够的自信才是最好的对战态度。人的成就永远不会超出其自信所能达到的高度，因此自信的人有一种特殊的人格魅力，自信的力量来自于高尚的人格、坚定的信念、渊博的学识，这些才是真正自信的源泉。

■ 当你心怀希望时，一个人也不孤单

茫茫人海中，人们总想寻觅一份永恒的快乐与幸福。但是，生活并非我们想象的那样一帆风顺，而是常常伴随狂风暴雨、急流险滩。这时，希望就成了我们心中温暖而灿烂的太阳。

就像有位医生，素以医术高明著称，在他事业达到巅峰时，他发现自己得了咽喉癌——那正是他最了解的一种病，也是他多年研究的主攻方向。和任何人一样，这位医生经历了震惊、恐惧、不甘心，以及别人没有的愤怒。基于自己的丰富经验，他很快就知道自己的生命期限：六个月到一年。

经过一番深思，冷静地自我探索后，他决定接受这个残酷的事实，但是，他要在有生之年，在有限的时间

里，好好地、快乐地、认真地体验生命，放下以往担在肩上的许多压力，以一种全新的眼光，去看这个世界，用爱心去关怀周围的每一个人、每一件事，使自己的生命能更充盈、更丰富、更有意义。

持着这样一种新的认知后，他整个心态都有了转变。变得谦和、宽容，懂得珍惜，对身边的一花一草，都怀着一份温柔；对身边的朋友、家人，甚至对陌生人，也都笑颜相对；早上外出运动，他亲切地和别人打招呼问好；在医院看病，他比以前更亲切，更关心病人；在日常生活中，他开始注意家里的盆栽，每天浇水、剪枝，看那些植物欣欣向荣地成长，带给他很大的启示与希望。他忽然发现，生命原来可以这样丰富，而生活竟是以如此小的代价便获得如此多的快乐。

日子一天天过去，他怀着感恩的心，期待着每一个全新的希望。

半年过去了，一年也过去了，如今，他已经平安地度过第六个年头。没有人知道他还能活多久，包括他自己，然而，他已经不害怕、不担忧。

有人问他是什么神奇的动力在支撑他，这位大夫坚定地说："是希望！我每天给自己一个希望，希望看到一片新叶冒出嫩芽，希望我的病人今天好一点，希望早上运动时见到那些朋友……就是这些希望，促使我每天都觉得自己很重要，必须打起精神来过这一天……"

是的，希望是催促人们向前的最大动力，只要活着，就有希望，相对的，只要抱有希望，生命便不会枯竭。希望，不一定是多么伟大的目标，它可以缩小到平淡生活中的一些小期待，小快乐，小满足，小盼望，譬如明天会出去购物，后天要去看一场比赛，下星期约了老朋友喝茶，下个月即将有一小笔奖金……虽然在别人眼里，或许这些都是微不足道的细琐小事，但是，对有的人而言，却能带来一些乐趣，也是值得期待的，这些就都是喜悦的希望。

总之，不论希望大小，只要值得我们去期待、去完成、去实现，都是美好的，而当我们在进行的过程中，必然会体会到其中的快乐，生命便也会变得充实而有意义。

在这个世界上，有许多事情是我们难以预料的。我们不能控制际遇，却可以掌握自己；我们无法预知未来，却可以把握现在；我们左右不了变化无常的天气，却可以调整自己的心情；我们不知道自己的生命到底有多长，但我们却可以安排当下的生活。只要活着，就有希望，只要每天给自己一个希望，我们的人生就一定不会黯然失色。

每天给自己一个希望，就是给自己一个目标，给自己一点信心。希望是引爆生命潜能的导火索，是激发生命激情的催化剂。每天给自己一个希望，我们将活得生机勃勃，激昂澎湃，哪里还有时间去叹息去悲哀，将生命浪费在一些无聊的小事上。生命是有限的，但希望是无限的，只要我们不忘每天给自己一个希望，我们就一定能够拥有一个丰富多彩的人生。

只要我们有信心有恒心去追求它去实现它，我们就不但会得到收获的快乐，而且会让人生不断地丰盈。给自己一点激发生命激情的催化剂，给自己人生一个美好的支撑点。有了希望，你今天会生活得很愉快，你的工作会做得很出色，你想念的人会与你团聚或者给你一个电话，你的亲人今天会更平安、更快乐、更健康，你的孩子学习成绩会更优秀，你面前的困难只是暂时的……生命是有限的，希望是无限的。

所以，希望在前方，梦想不会孤单。每天给自己一个希望，试着不为明天而烦恼，不为昨天而叹息，只为今天更美好；试着用希望迎接朝霞，用笑声送走余晖，用快乐涂满每个夜晚。那么，我们的每一天将生活得更充实，我们的每一天也将活得更潇洒。

■ 哪怕假装逞强，你也要坚持下去

在逆境面前坚强，顺境面前清醒，这是一个人心灵健全和不可战胜的标志。在你的内心里，对成功的渴望和决心，必须压过一切。假如你不相信自己会取得伟大的成功，那还有谁会相信呢？哪怕你假装逞强，也要向着成功的目标，坚持走下去。你要相信自己的能力，这样你才会有斗志去实现梦想。如果你深信自己会取得成功，那你真的就会做到。

听从内心的呼声，它告诉你一切皆有可能。你必须要自信满满地对着镜子说"我能够做到"。一旦你开始相信自己，生活就在路上，人生就会变得丰富。必须要满怀激情地向着目标前进。你不该让负面情绪成为你的障碍。要时刻为你的梦想而活着，所有这些愿景、信念和积极的思维都能让你满怀信心。如果你失败了，你会怎么做？从跌倒的地方重新站起来，拍去身上的灰尘，继续上路。

在现实生活中，我认识不少"蛮拼"的姑娘，她们在外人面前是"女汉子"形象，什么事情都敢做敢拼，学习拼命、工作卖力，提到她们名字时，旁人都会说："噢，她呀，活得粗糙，不喜欢当小女人，倒喜欢做争强好胜的女超人。"这些姑娘们努力地生活，她们不依附他人成长，努力实现梦想，并没有什么不对。

当然，周遭也会出现诸如"反正努力过后也得不到收获""反正女孩子活得好不如嫁得好""反正不公平的事情太多了，努力没用"等这类声音笑话她们，但事实上，这类姑娘们反而越活越生猛，从坚强到逞强，依靠着自己的梦想死磕，坚持着。

　　都说女孩子不要太坚强，否则会没有人疼。可是谁又知道，你不自立、不自强、不坚强，谁会在你需要肩膀的时候，给你温暖？很多时候，你不是真的要坚强，是被迫坚强。毕竟，再坚强的女人心里也会有伤，不痛不代表没有被伤过。如果你懂，请不要只看到她的笑，要看到她心底的泪。

　　我们都是普通人，并不是含着金钥匙出身，如果自己不努力，那就没人会帮你努力。我想说：如果你弱，那是因为你懒得学习，是因为你贪图安逸，是因为当别人在努力的时候你选择嘲讽，当别人不努力的时候你还是选择讥笑，如果你真的想强，那只能靠自己；你胖是因为你懒得减肥，是因为你嘴馋，当别人不吃的时候你还是要吃，如果你真的想瘦，那也只能靠自己。

　　成功不会无缘无故地降临，只有当你付出了足够的努力后它才会到来。一些成功的人士或许就在你身边，或许是你的同学，是你的同桌，甚至可能就是你，都需要独自努力。"行者常至，为者常成。"你所渴望的成功不会那么快就来到你身边，你需要有耐心，坚持不懈地追求它。当时机成熟时，成功自然会到来。

也许你会说，这个世界没有人会懂你，你已习惯一个人面对所有。其实，生活中的你只是被压力迫使你遗忘那些伤痛。可遗忘并不能让你快乐起来，只会让你感觉更加的寂寞。

有一种坚强是假装的，在笑容背后是一颗酸楚的心。所以，哪怕假装逞强，你也要坚持下去。要有一种坚定的信仰。让它激励你、振奋你、鼓舞你。最后，你就会做回那个真正的你。看着镜中的自己，如果你听到对方在说"你可以做到！"那你已经取得了一次小胜利，接下去要做的就是坚持不懈。

■ 自信是你内心的宝藏

世界上没有完全相同的两片叶子，人也是一样。每个人都有其独特的一面，有其独特的魅力。就如有的人文章写得好，有的人口才非常好；有的人聪慧灵秀，有的人身强体壮；有的人坚忍执着，有的人勤奋好学；有的人能歌善舞，有的人能书善画……总而言之，每个人的身上都有着自己的宝藏。有人成功了，那是因为他能发现并挖掘出自己的宝藏；有人没有成功，那是因为他不能挖掘出自己的价值，甚至还没有发现自己能获得成功的领域。

请相信自己！相信自己是有价值的人，你就变成有价值的人，做有价值的事。自信是一个人对自己的认可程度，也是一个对自己的认识与对环境认识的比较过程。只要拥有了自信，你便可以击败成功路上的阻碍。

自信，是一个人能力的催化剂，可以将人的潜能调动起来。我的朋友忠村拥有很多让人眼红的头衔，他是中国人民大学硕士、同济大学美学博士、国家一级美术师，同时他还是颇具盛名的诗人，生意也做得风生水起。

更难得的是，具有如此成就的忠村还十分年轻，他刚过而立之年，身材消瘦，模样很清秀。我与他相识于一次诗人的聚会，他从上海工作室带来一幅巨作，那是用黑、白、灰三色创作的"百象"符号图，意为：在成千上万个不同灵魂的境遇中，自我消失后的再次重生。

了解他的人都知道，他的作品确实代表着他的心声。他就是凭着自己的乐观以及自信，一次又一次地脱胎换骨。少年时的忠村历经坎坷，使他觉得迟早要找个好学校念书，把过去没实现地补回来。

忠村一直想改变自己的命运，他在中学复读时考上了工艺美校。他说："我对诗歌如此热爱源于中考失败，农村孩子的出路只有通过上学来改变。后来是李白的一句'天生我材必有用'把我解救出来，我该换一种生活方式，是诗歌改变了我的命运。"由于学习美术，各方面的花销都很大，家里无法供读。他就一边读书，一边在外滩摆地摊，以卖画维持生计。通过努力绘画与写诗，让忠村充满自信，他想闯出一条自己的路来。第一次来上海时，只觉得上海太大。不过，直至今日，他仍然这样认为，上海是名副其实的"大上海"。到上海来打工也是想改变自己，那年他出版了第一本自己的诗歌集。

现在已逐步走向成功的他，回忆当初艰苦经历时有点不屑一顾的感觉，他说："第一次出版诗歌集后，去东方明珠塔下面贩卖，我摆摊。摆摊不是为了获取收入，而是增加自信，还希望能结交贵人。"那么他有没有如愿结交到贵人呢？忠村说："贵人说不上，但提升了自信。有人走过来，看到我的作品，流露出很赞许的目光。"

结果，努力付出的他，还没上大学，作品就被多家报刊发表；还没有博士毕业，就已经成了上海西南片两所高校的兼职教授。在他作品的书页背面，满满地写了十多位赫赫有名的大家的称赞。至今，已经出版了6本诗歌著作的他，荣誉也接踵而至。

自信的人有信心，认为自己完全可以适应所处环境，可以妥善应对每一件事，会流露出踏实的心情，相信自己可以解决好一切。获得自信后，身体会很放松，情绪会很安定、从容，对事情有客观的理解。没有了杂念，疑虑就减少了，人的心思自然就清晰明朗起来。

如果人没有自信与积极乐观的态度，就如天空漂浮的云，游移不定，没有光彩。也如大海中没有航标的船只，很难到达理想的彼岸。做自信的人，能够保持精力旺盛，性情开朗，性格活泼，兴趣广泛，好奇心强。就算遇到问题，自己解决不了，也能积极地向别人请教，这样可以少走弯路，有利于取得成功。

所以，你的自信足以击败成功路上的一切阻碍。做人必须自信，成功也一定属于自信的人。有了自信，人才能达到自己所期望达到的境界，才能坚持自己所追求的信仰，才能成为自己所希望成为的人。

■ 给你的自尊心加油

一定要在失意时，给自己的自尊心加油，因为没有任何价值判断比你对自己的评价，对你的心理发展、行为动机的影响来得大。自尊心影响着你思维流程、情绪、欲望、目标，以及解读生活事件的方式。如果你知道自己的自尊为何物，自己如何保护自尊，以及自尊心对你日常选择与反应的影响程度，那么你对自己的了解，就能透彻。

不必刻意说出自尊心，它只是一种感觉，更精确地说，是一种体验，你无法单独地分离出来加以辨认，因为它随时都在；是其他经验的背景，也是你情绪反应的基本内容。

　　农村男孩小洪参加高考时，英语只考了 33 分，总分也惨不忍睹。从当时的情况来看他能考上大学，似乎不可能。他回到农村老家，一边干农活，一边在光线微弱的煤油灯下继续复习，又参加了下一年的高考。这次的成绩有所提升，距离他的目标大学录取线，却仍有不小的差距。再次回到老家，村里人开始笑话他不自量力，当面喊他"大学生"。

　　那时与他同龄的孩子都已经开始干农活，为父母分忧，而他却像个废人一样，整天只知道读书。他自尊心极强，并不甘示弱。他在县里的培训班苦读了一年后，第三次挑战高考，以总分 387，英语 95 分的成绩，被录取到了理想的大学。

　　可见，当不被人们认可的时候，你的自尊心就会下降，此时的你必须给自己添加自信，这就是给自尊心加油，自尊是人们赞赏、肯定、喜欢自己的一种表现，也是自信的一种表现。所以，内心强大的人从来没有想过逃避，而是直接面对，然后去承受它们。

　　最后，带着浓烈农村口音的小洪，冲破了自己的"哑巴英语"这关，毕业多年后还创办了一所英语培训学校。也许你要说，像小洪这样的人，太少了。回顾自己身边，很多时候我们都会羡慕别人的成功，自己却无动于衷。

所以你要增强的行动力，也是给自尊心加油的表现之一。当年小洪复读的学校，邀请他去给在校生鼓劲，作演讲的时候，他说："我最不喜欢学校里同学比成绩高低这样的行为。如果我们比较谁的家庭背景好，谁的成绩好，谁的服装好，谁的长相好，这是缺乏自信、看不起自己的行为。"

如果能摆脱这些心理的话，你就成功了一半。因为外在的客观标准，是没有办法进行正确的比较。他又说："要比较的是今天和明天、明天和后天、今年和明年、明年和后年，在思想、独立意识上到底是不是有进步。你是不是从一个没有思想的人变成了一个有思想的人？从一个模仿别人思想的人变成一个有独立思想的人？所以，我们不要去跟别人比，你要跟自己比，树立自己的独立意识、思想和个体。"

要知道，贫弱的自尊会不断侵蚀我们的幸福，以及长远的工作与生活实力。你一定要有一个健全的自尊，就不断地给你的自尊加油，让它带着你前行。不然从学校走到社会上，找到了工作岗位也会不顺利。

我的一位朋友在公司里刚获得升迁。但他只要一想到自己何德何能升上如此高位、自己能否适应新的工作挑战与担负起新的工作职责时，就顿觉惊恐万分。因为他觉得自己根本就做不好，也就不去尽力。

不知不觉中，他开始一连串的自我毁灭的行为：没有准备就去开会，前一秒钟还对下属疾言厉色，后一秒钟又转为和风细雨，在不恰当的时机开些不入流的玩笑，对老板所传送出来的不满信号置之不理。

你想，他的结局会是怎样？当他最终被解雇时，他还这样告慰自己："我就知道，世上不可能会有这样好的事！"想一下自己，是否有同样的经历？其实，如果你失败在自己之手，至少说明一切还在你的掌控之中。你非要坐以待毙，等候外人来终结你吗？你要做的是，无论如何都要设法终结那种焦虑感。

与其坐以待毙，不如奋而强之。作为自尊的薄弱基础，或是因为自己的不安全感，而感觉到其实并不存在的排斥时，内心的不定时炸弹，随时有引爆的可能。这种引爆方式，多半都是自我毁灭的行为。如果是因恐惧而逃离时，反而会因此促成所担心的事物发生。

如果我们害怕别人谴责，最后自己的行为，往往就是会引发别人的不赞同；如果我们害怕别人生气，结果往往就是让人生气。当自尊心受挫的时候，一定要给自己加油鼓劲，改变别人对你的看法的有效途径，就是先改变自己。

回忆起大学时光，总让人难忘。那么你在大学四年，都做了哪些改变自己，后来又改变人生的事情呢？

我的同学小逸，刚进传媒学校的时候非常"素颜"，她也没有天生丽质的相貌。对于女孩来讲，她顶着一头乱糟糟、油腻腻的头发，给人就是邋遢油腻的印象。这与她所学传媒专业，似乎看上去不匹配。在她参加的学生会里，当时的学生会会长看到她这个样子，就建议她："好好收拾自己。"

一开始小逸没法接受这个建议，反而觉得自己更加自卑了。因为她第一次感受到自己长得不好看，会受人嫌弃。经过几天的时间，她想通之后，就开始收拾自己，跟着学生会里一些会化妆的同学学习化妆，还专门去理发店里做了头发。第二次开会的时候，会长一见到她很惊讶，还夸她："这样就挺漂亮嘛。"

形象上的变化让小逸渐渐有了自信，性格也开朗了不少。同学看到她在社交媒体上的头像，都不敢相信这是小逸本人，还问她："这是你吗？"每当有曾经的同学这样问她时，小逸心里非常开心。自信心给她的气质加分，她被评为校园"人气之星"，这也使她的自尊心得到很大的提升。学校毕业后她顺利进入一家当地的媒体工作，成了一名颇受欢迎的出镜记者。

记得，苏格拉底曾说过："一个人是否有成就，只要看他是否具有自尊心和自信心这两个条件。"由此可见，自尊、自信与能否取得成功有着密切关联，它也是一位成功者所必备的心理品质，也是能获得成功的前提条件。

所以，不要小觑你的自尊心，尊重自己，不向别人卑躬屈节，也不容许别人歧视侮辱。自尊是做人的灵魂。自尊是自信、自强的支撑点。但自尊不是骄傲自大，妄自菲薄。只有尊重别人，自尊的砝码才能加重。一定要记得给自己的自尊心加满油。它是一种美德，是促使你不断向上发展的一种原动力。

■ 不逼自己一把，你根本不知道自己有多优秀

人都是被逼出来的。一个人，如果不逼自己努力一把，就不知道自己原来能这么优秀。穷则思变。当面对压力时，要相信自己，一切都能处理得好。人有了压力，就会把压力化解成动力。压力并不是完全没有好处，它在某些特定的环境里，可以转为你的行动力。

有时候，你必须对自己狠一次，否则永远也活不出自己。做什么不重要，聪明与否也不是那么重要。重要的是你敢不敢"逼"自己一把，能不能对自己狠一点。每个人都有自己的潜能，如果不逼自己一把就无法展现出来。当你感受到压力后，潜藏的智慧、热情、力量，才能被激发出来。

现实中常会听到这样的抱怨："你看，我挺努力的呀，每天都起早贪黑，把每一分、每一秒都献给了工作，完全抛弃了属于自己的时间，累得就像一条狗，怎么就是看不到半点回报呢？我想当主管、想加薪酬，想买车买房。可是我的理想怎么还是实现不了？"

也许你正感受着来自生活、工作和学习的压力，也许你正在为此抱怨、不平，与其诅咒命运的不公，不如换一种眼光重新领悟压力的价值，把压力化作动力，压力才能真正发挥出其内在的巨大力量。真正的压力不是来自社会的催促，而是我们不得不对自己认真负责。

小陆刚到传媒中心工作时，只是作为一名驾驶员来应聘的，他的工种就是每天待命听从派遣，送有采访任务的记者前往新闻现场。他以为作为驾驶员，只要驾驶技术过硬就可以胜任这份工作，不曾想，由于新闻工作的特殊性，驾驶员必须具备比其他一般司机更强的能力。

随机应变是每个媒体工作者必须具有的基本技能，连驾驶员也不例外。就拿每年一度的春节来说，如何在春运这个重要节点，做好采访工作，除了提前策划，还要 24 小时有记者跟踪拍摄。

有一年策划了打工人员返乡的主题，拟定了几个特定的人物需要全程跟拍。小陆的车组被选定其中一位离家最远的打工者。无法在家过年的小陆，提前在农历廿四象征性地在家吃了顿团圆饭后就整装出发了。

"跟拍"是项苦差事，除技术要求过高外还需要有很好的体力。小陆驾驶的采访车，一组三人。车后备厢放着沉重的摄影器材和一些必需的应急设备。被采访人返乡的路途遥远，一路上变换着交通工具，小陆有时则要与它们赛跑，当采访记者与被采访人同行时，他装有设备的采访车必须赶到预定地点汇合。

山路崎岖而蜿蜒，考验的不仅是驾驶技术还有心理素质。没想到那次采访在接近尾声时，却突发意外，摄影记者不幸手臂扭伤，一时无法抬动摄影器材。小陆看在眼里，急在心里，完不成采访任务，整组都没法回去交差。

情急之下，小陆主动站了出来。他请教了操作方法，然后试了试机器。对于简单的拍摄有了初步的掌握后，经过几次尝试，竟然能拍摄像样的画面了。

有了这次拍摄的体验之后，小陆就产生了一个想法。他想自己何不试试摄影这门技术，况且单位里有很多设备可以供他学习与实践。他开始从摄影书籍入手，遇到不懂的地方，就虚心向同事请教。

当认真对待一件事，并为此做好准备时，机会就降临了。省里发来一个比赛通知，内容是要以微电影的形式讲述自己的家乡。小陆抱着试试看的心情，把平时自己练习时拍摄的一些片子，剪辑合成，制作了一个微电影后，参加了这次比赛。由于他没有进行专业的学习，能跳出一般拍摄框架，给评委们留下了新颖的感觉，最后不仅入选，还获得了奖。

小陆获省里微电影比赛大奖这件事在单位传开，上级讨论后考虑将他从驾驶班调岗至新闻采访部。这让他自己也没想到，这是由于他的勤奋而带来的成果。原本他并不知道自己在摄影方面有天赋，只是一次偶然的事件启发了他，才发挥出了他的潜能。而且他在遇到困难时竭力去解决，并敢于担当，这不也是一种优秀的表现？

有人说："优秀是一种习惯。"确实是这样，当你把优秀当成习惯的时候，你离成功也就不远了。用心去做事，不允许有失误，让自己比别人做得更好。优秀的人，他们在工作中有所建树，在生活中宽容友善。在此，你不需要悲观地认为自己很不幸，其实比你更不幸的人还有很多。也不要乐观地认为自己很伟大，其实你不过是沧海之一粟。做自己想做的事，成为自己想成为的人。

"逼"自己努力，也就是在"逼"自己成功。所以，如果你不逼自己一把，根本不知道自己有多优秀，而想要成为优秀的人，必须要接受挑战。自己选择的路，咬着牙也要把它走完。适当给自己施加压力是件好事，它会让你在不知不觉中，获得抗压能力，而且还能衍生出你所未知的潜在力量。想要成为一个优秀的人，你可得好好地"逼"自己一把。

■ 这个世界上，独一无二的你

相信自己，做这个世界上独一无二真实的你。毋庸置疑，你是唯一的，你与众不同，你为你自己而活，管别人怎么说，怎么看。不用去模仿别人，学做他人。你应该在优秀的感召下做最好的自己，经历了一次又一次的热血打拼之后，就需要试着沉淀心绪，向内而求，活出自己的真正人生。

人类的每个生命都像是一个星系，会发光，会发亮，对于人生的价值在于自身的能力，因为没有第二个与你相同的人。当我们成为婴儿时，这属于你的一生便开始了，你注定要经历一场精彩纷呈的彩色人生。

因为你是独一无二的，就无须懊恼自己没有学富五车的知识，没有倾国倾城的美貌，没有豪宅名车，没有显赫家世。不管你拥有什么，每个人的终点都会是雷同。人与人不同之处，在于生命的开始和结束这两点之间，画出来的不同曲线，而人的心智，决定着曲线的高度。

与我同在传媒中心工作的阿卿，是电视台的一名主持人，在她的身上从不缺美貌、富有、聪明，也不缺情商。她的与众不同之处在于心中有大格局，可她却在前途似锦的时候，选择离开熟悉的岗位去国外访学。

我俩聊起她离职的事时，她说："我一直有个想法，就是敢不敢停下来，停下手里的一切，重新开始！我决定改变自己。"这是她做出放弃眼前安逸生活时，扪心自问的话："我现在做的一切，是循着套路，还是因为激情和热爱？"当她把自己心中想要的东西呼唤出来以后，她真的停下来，把过去的一切清零，开拓新的自己。

重新开始新的生活，很多人都做不到，面对不明朗的未来下不了决心。她也害怕过，做决定的那段时间里，经常晚上睡不着。她一个人坐在地上流泪，情绪不好的时候，连凳子都坐不住，非要坐在地上才最踏实。

但她想到自己出国访学，是为了提高自己的知识修养，这是对自己将来有益的事。所以，她下定决心后，向电视台办了离职手续，停下了手里所有的工作，以访问学者的身份去了美国的南加州大学进修。又做回学生，对阿卿而言，是人生挑战的开始。离开了驾轻就熟的岗位，离开了熟悉的国家和城市。困难也随之而来，她在国外连做功课，找资料都觉得力不从心。

从她的一张近照上，我看到一身休闲打扮的她，微笑着站在学校大楼前。她发微信说："自己，每天7点起床，吃早饭，然后去上课。有时候是一天的课，有时候是半天的课，休息的时候或自己学习或去参观一些博物馆、看一些演出。"

以她的理解力，一本书用两天根本看不完，她就能看多少是多少。除此之外，还有数不尽的其他琐事。不过，好在她真的闯过来了。美国的这场访学，是她人生的转折点，更是她心智成熟的旅程。当一个人勇敢地突破了自己的舒适区，在她的面前，迎来的就是海阔天空。

我看到，她在自己的微信上，坦言："在国外，当然会遇到困难，也会有孤独和无助的时候，但我相信任何一段生命的过程都有独特的意义，就算有人不理解甚至误读，我依然认为生命的意义在于开拓而不是固守，不论什么时候我们都不应该失去前行的勇气。"

在彰显个性的今天，人人都想打造完美的自己，人人都渴望获得成功。每个人都是独一无二的存在，每个人都是风格各异的自己。你，也是如此。每个人都清楚地知道自己是独一无二的，在这世界上只活一次。而且再不会有这样特别的机会，能够把众多纷繁的元素重新凑到一起，组合成如此奇妙而独特的个体。

想起小时候，我家里的房子后院，有一圈不高的围墙，对于孩子来说，那个围墙是天然的游乐场。虽然父母多次警告我，不可以"上墙"，但玩乐的兴趣总是驱使着我，跃跃欲试。还有让我不能放弃"上墙"的念头就是想要"站得高，能看得远"。于是在一个提前放学的日子里，我爬上了惦记已久的围墙。

站在墙上的那一刻，感觉自己就像是位成功者，征服了一切似的。我起先还战战兢兢生怕家人发现，后来就胆大地在围墙上行走，觉得自己威风凛凛。可当我还来不及得意的时候，一脚踏空掉了下来。

这回我再来笑不出来了，由于额头磕破，被缝了四针。我知道当时母亲心里一定想狠狠地揍我一顿，但她压住了情绪，问我："站在墙上，你看到了什么？"我心有愧疚，回答道："看到了远方！"

随后，逐渐长大的我，额头上留下了与众不同的疤痕。每次触摸时，我都会想自己是与众不同的，因为我的经历，让我知道，梦想是可以企及的，不过在奔赴梦想的同时也要"注意安全"，简而言之就是，在努力的过程中也要学着保护自己。

每个人都像是一颗种子，在不同的环境、不同的遭遇、不同的人群以及不同的教育中汲取营养、获得能量，最终长成形态各异的植物，而最终决定成长为何种植物的却是我们自己。我的经历只属于我自己，那么你的经历也只属于你自己。世上没有两个同样的人，在此不是你要做特立独行的人，而是你的经历让你独一无二。

你就是你的世界里唯一的主角，你只要相信你自己，相信没有谁可以阻碍你成功的步伐。人可以长得不漂亮，但是一定要活得漂亮。不论什么时候，渊博的知识、良好的修养、优雅的谈吐以及一颗充满爱的心灵，一定可以让一个人活得足够漂亮，活得漂亮，就是活出一种精神、一种品位、一份至真至性的精彩。

雅克是诺贝尔化学奖得主，他在改进冷冻电镜技术上有突出贡献。他在 1955 年就被瑞士认证为"失读症"患者，就是不能认识和理解书写或印刷的字词、符号、字母或色彩。这种疾病是由于大脑受损，而导致的视觉性障碍。虽然有"失读症"，但他从不为自己身体缺陷而颓废，反而在他喜欢的领域里，得到了一番成就。

因此，要相信每个人的内心都潜藏着一个决定自己成功与否的巨人，学会驾驭它们，并使之为己服务，才能达到人生的不同目标。一个人的成功并不是简简单单靠从天而降的运气，你是自己命运的主宰。在拥有天赋的主权时，也要有自己的特长和潜质，在多元化的成功中，只要主动选择，每一个人都有成功的机会。由此可见，我们只有做最好的自己，才能不断地超越自我，最后到达成功的彼岸。

生活不一定要有惊天动地的情节才叫精彩，情感并非要有山盟海誓才算真爱。我们都是自己剧本中的唯一主角，无须用夸张的剧情去讲述身外的故事。让我们把人生的琐碎、冗长、沉闷都融入剧情的冲突，在平凡、平淡乃至平庸中彰显生命的张力与厚重。

所以，不管现实多么惨不忍睹，都要持之以恒地相信，这只是黎明前短暂的黑暗而已。不要惶恐眼前的难关难以跨越，不要担心此刻的付出没有回报，别再花时间等待天降好运。你才是自己的贵人。全世界就一个独一无二的你，请一定真诚做人，努力做事。岁月终将回馈给你，一份只属于自己的厚礼。

第五章

人生有了目标，就一定要全力以赴去努力实现，面对自己多姿多彩的想法不要仅是陶醉不已，面对成功路上的险阻不要迟疑，也别因等待时机而让沸腾的思想冷却。成功的机会不是谁都能遇上的，当机会来的时候，应迎面而上，不是畏首畏尾感到害怕，坚持到底才会胜利。

■ 控制欲望就是战胜自己

当你被热情激发时，你是伟大的，如果你被欲望控制，就一定要战胜它。你有什么样的信仰，就会随之去坚持和追求你信仰的东西。同样，你有什么样的人生观、价值观和世界观，你就会在一定程度上去追求，这种追求，也就是你的欲望所在。

能控制住自己的欲望，就等于战胜了自己。如果你觉得这辈子的意义就是一定要成为富翁，那你可能就会拼了命地去追求金钱，如果你的价值观是成为亿万富翁，不然就是失败的人生，那你这辈子就会成为钱的奴隶。可能你根本就不需要那么多，但为了证明自己是成功的，你就会想方设法去追求，成为你过度的欲望。

有次中午吃完饭的时候，同事在跟我打闹的过程中，无意间开了一句玩笑话："你个胖子。"我知道她是无意的，也知道她是在跟我开玩笑，但是，还是感觉自己有点受伤，为这句话我难过了一下午。晚上躺在床上的时候，我就想，白天为什么这句话让我生气呢？原本只是一句没什么大碍的玩笑话，我为什么会这么放在心上。

一方面是我自尊心在作祟，因为还是第一次有人称呼我：胖子。另一方面是我在逃避一个事实：我真的胖了。从毕业到换工作，从新工作到现在的岗位，我长了十斤，本来个子就高，这样一来就显得太过于"魁梧"了。以前读书的时候，会经常去操场跑步，做第一份工作的时候，也会经常出去散步或者跑步。

而换了工作以后，由于平常比较忙，晚上回来还要处理其他事务，运动时间一再被我压缩，后来干脆就不运动了。而白天由于脑力消耗较大，再加上美食本身不可抵挡的诱惑，让我一动筷子就停不下来，非要把自己吃撑。人们常说：吃饭八分饱，爱人爱七分。而我经常就是十二分饱，不运动加上吃饭无节制，导致体重蹭蹭地往上升。

这个时候，我才明白，人们口中常常所说的克制是有多么不易。要在自己喜欢的事物面前抵制住诱惑，用理性战胜感性，告诉自己要克制，舍弃眼前心心念念的东西，是一件多么不容易的事情。而对美食的克制，就是对身材的保持。如果不能合理克制自己对美食的欲望，就要面对日渐发胖的身材，呜呼哀哉了。

生活中，一旦你无法克制欲望，就极有可能沦为欲望的奴隶，从此，眼里只有欲望而无其他。而对欲望的克制，则是将我们的生活引领到一条更为广阔，更为宽敞的路上，让你有规律，更加良好地生活。

有时，克制住对美食的欲望，有助于我们身材的更好保持；克制住对狂买的欲望，有助于让后面的生活更加宽裕；克制住对焦急的欲望，有助于提高我们的自身修养；克制住对脏话的欲望，有助于成为一个更加有修养的人；克制住对懒惰的惯性，有利于更有规律的生活。

"少私寡欲，怀素抱朴。"克制看起来是在控制自己，但是其实是在给我们创造更大范围的自由。在养成一个好习惯的初期，虽然比较艰辛，要一直跟自己做斗争，比较辛苦，但是等熬过了这段时间，养成了一个好习惯，一切都会步入正轨。

记得大学毕业的时候，大家想要找一份工资高的工作，一定要进家大型公司，在三五年之内要赚多少钱，还要在公司里当上什么职位，甚至会想说几年之后同学聚会的时候，一定要成为其中混得最好的，无论是薪水还是职位，那样多有面子。在此，我想说："面子害人。"

很少有人会真正去想为什么需要这些？是真的需要这么多吗？真正得到这些之后又能有多大的意义？只是觉得别人都那样，我也要那样，否则就会觉得自己比别人差劲。所以哪怕是累得死去活来，根本没有什么快乐可言，可是还是觉得那样做是值得的，认为那是成功人生的标志，必须要那样去做。如果这样的话，很多时候就会迷失自己。

晓伯是一家生产建筑材料公司的市场部科长，工作能力较强，他最大的优点是善于协调，由此他深得老板的赏识，他也自鸣得意，想着不久就能升任为公司的副经理。

一次他在与客户洽谈的时候，被对方公司欣赏。认为晓伯是个人才，现在只是一个部门的科长，有点大材小用，不如到对方公司可以给他副经理的职位，而待遇要比现在的公司高很多。

面对诱人的条件，晓伯衡量了一下，现在公司的老板快要退休，继任不知道是否能继续重用他，要是跳槽到新的公司就要重新熟悉业务和建立人际关系。他的想法最好是既能得到高薪，又能有升职的机会，接下来他故意把公司的几笔生意介绍给了其他公司。

当他正憧憬着未来事业能飞黄腾达时，接到了公司解雇通知。他以为可以满心欢喜，到对方公司去任职。但他找到"挖墙脚"的那家公司时，得到的回应是"再考虑考虑"，其实就是不想聘用他。

其中原因想来很明白，有跳槽之意的晓伯，工作分心为了离开原公司，做出损害公司利益的事，被原公司察觉而解雇了他。由此，想聘用他的公司觉得晓伯为人并不正直，如果聘用他的话，也可能会有同样遭遇。

假如他能反省一下自己的行为，其实就是欲望害了他，没有拥有正确的人生观、价值观和世界观。追求金钱都只是为了证明他的能力、身价、面子。这就是由于不正确的观念使他滋生出无止境的欲望！还为此做出错误的判断，从而断送了前程。

　　如果没有正确的"三观"，我们往往就会过度地去追求自己其实并不需要的东西，那这种就是我们要克制的贪欲，所以要首先调整人生观和价值观，不要去追求无意义的东西。

　　当欲望来时要学会战胜自己。很长时间以来，我一直认为快乐来自于所有欲望的满足。但是当这些欲望被满足后，发现自己并不快乐。相反，内心会有一种更强的空虚感和孤独感。于是我扪心自问，这就是生活吗？这就是我想要的生活吗？除此之外，是不是没有其他的生活状态？

　　就像我曾经有一块很喜爱的玉佩，它的价格并不昂贵，但是因为我很喜爱，所以就赋予了它很高的价值，偶尔一时找不到就会以为弄丢了，然后就很着急去找它回来。后来，我把这玉佩送给一个朋友的时候，我发现并没有如我之前想的那样难割舍，相反却是很释然从没有过的轻松。

　　不论你手里握着的是什么，很多时候都会舍不得放弃，因为不知足是人的本性，而欲望就是产生贪婪的根源，结果往往是已经取得的东西也随之失去。

所以对欲望的克制，就是对自己教养的另一种体现。虽然无法把握挑战的难度，但可以控制自己的欲望。当我们从深层次去挖掘的时候，就会发现内心所有的不快乐都是源于欲望而产生的，只要消除我们无止境的欲望，少一点烦恼，少一点不快乐，少一点内心的焦虑。不勉强，不逞强，有力掌控自己的生活，这才是真正的幸福人生。

■ 有了目标，你只管全力以赴

人生若有了目标，一定要全力以赴去努力达成，在自己多姿多彩的想法面前，不要只是陶醉不已。应当奋力地去实现它，不然的话，梦想就只是一个漂亮的肥皂泡，最终都会破碎。面对成功路上的险阻，你不要迟疑，也不要因等待时机，而让沸腾的思想冷却。

每个人都应该让自己体面而阳光地生活着。该努力的时候一定要努力，该全力以赴的时候一定要全力以赴。不要因为年轻就肆意挥霍光阴，等到风烛残年的时候，再懂得珍惜早已晚矣，留下的只能是一头白发，一把辛酸泪。

若没有付出，哪能求得回报？有了正确的方向，就要义无反顾、勇往直前地走下去，不管前面有多大的风险，存在多大的挑战，都要自信地面对自己。不要害怕碰壁、不要在乎跌倒。你的生命始终向上，用全心全力的精神，树立自己的风采。

在国芳个人世界里，除了努力，也只能选择努力。她出生在农村，父母都务农，有一个姐姐从小就在上海打工。国芳的小学成绩还不错，到了初中，上学开始没有心思。结果初中没上完，就辍学在家与父母一起干农活。她姐姐对家里人说："国芳这个小丫头，这么小就在家里务农就废了，既然她不上学，那我就带她到上海一起打工。"

就这样国芳跟着姐姐来到了上海，她姐姐在一条不起眼的弄堂里，盘了家半旧不新的理发店。国芳就跟着姐姐学起了理发，每个月姐姐给她八百元生活费。年纪轻轻的国芳却想着自己还能干点什么。有一次，理发店里来了位小伙子，西装笔挺，背着一个公文包，看起来很精神。国芳与这位顾客闲聊的时候听说他是编程序的，一个月可以挣到八千元。

这件事深深地触动了国芳，她还没有正经上过班，这么高薪的职业，立即成了她心中的向往。她当时问了这位顾客一个改变她一生的问题："我初中都没毕业可以去学编程么？"年轻的顾客干脆地回答她说："可以。"

于是，从来没有碰过电脑的国芳，虽然不知道什么是编程，但她已有了一个人生目标，那就是做程序员。国芳说动了姐姐让她报名参加计算机的培训班，还为她买了一台电脑，她第一次去上课的时候，老师课后说，请大家把今天的资料用U盘拷走，然后关机下课。她憋了一天，终于跟旁边的人说了两句话：一句是问什么是U盘，另一句是问怎么关机。

后来了解到PHP语言编动态网页的市场比较大，就又开始自学起了PHP。熟练掌握后，她重新找了个工作，一个月的薪金达到五千元。她对于自己的收入还是不满足，因为她有自己"八千元"的目标。

当苹果机入市后，IOS软件的开发变得火热起来，国芳没有放过这个机会，她放弃手头正在做的一些外包项目，全力投入学习中去。最后她高薪加入了一家知名软件公司。

现在的国芳已经是自己所在小组的骨干了。后来部门领导还找过她，认为她做得不错，希望她转行做高级编程，可她觉得自己还应该在技术领域学习一段时间，暂时拒绝了。虽然如此，她还是继续在为自己全力以赴地努力着。

我想，国芳成功的本质，还是因为她是一个勤奋好学习的人。她有了明确的目标后，就想尽办法让自己成长，她所付出的努力都是为了自己的将来。

一个人能否成功，始于相信自己，所有成功的人都是一开始就深深相信自己未来一定会成功的，其实成功就是你选择相信什么，然后让自己努力去达成！你想要成功，在做事情之前，先要有一个确定的目标，并脚踏实地、始终不渝地去努力，这样才有成功的机会。如果稍遇挫折，便改变志向，最终只能碌碌无为，一事无成。

所以，有了目标，你只管全力以赴地去努力，别管通向成功路上的阻力。世界上没有免费的午餐，如果有也是暂时的。世界上最不可靠的就是幸运，而唯一可靠的是勤奋。即使你不是天才也没有关系，可以选择勤奋，勤能补拙。

■ 坚持梦想，让人生与众不同

有的人一生风生水起，有的人一生碌碌无为。只要坚持自己的梦想，就能让你的人生与众不同。有句话说："再牛的梦想，也抵不住你傻瓜似的坚持！"

从清晨太阳升起的那一刻，阳光给我留下温暖的微笑。看着屋旁我种的菜园，种子从土壤钻出的那一瞬间，产生了对成熟的向往。每当看到空中飞翔而过的鸟儿时，它突破云层后，留下绚丽的长线。这些都是感动人生的细节，也让我充满了遐想，这个世界是因为有梦想，才有了斑斓的色彩。

最近我收到了省文学院的录取通知，本以为会激动地哭，相反却很平静，可以说是在欣喜之外。这是我坚持梦想的结果，因为我知道为什么做时，比知道怎么做更重要。在学习上的成功，不是我比别人准备的早，比别人更努力，也谈不上什么经验，只是更清楚自己为什么要这样做而已。我的目标明确，决定报省文学院之前，做了充分的准备，从自己资料的丰富，到满足入学条件，这一条路我走了十年。

坚持梦想有一点好处是，当你梦想实现的时候，还会派生出更高一级的梦想。这有点像吃糖，起先你只是想要尝一下糖的味道，就算是一点的糖角，你也要花费努力去掰下来。当吃到嘴里体会了甜的滋味后，你又会想要更多。

在我读小学四年级的时候，邻居的一位大学生看了我的日记，对我说："你的日记写得真好，我都写不出来。以后当个作家吧！"言者无心，听者有意。这句话如盘古的开天巨斧，劈开了一个之前我从未设想过的关于文字匠人的世界。五年级日记本扉页上，我写有："日记日记，天天要记，一日不记，不成日记。"那时，多记载小学的琐事及升学的思索，出镜率最高的八个字是"好好学习，天天向上"。

初中时，我萌生了一种想要靠近一个人的想法。当时，还是流行情书这一说的。于是就在日记本中，疯狂地写诗歌，几乎所有的日记本都充斥着我的练笔之作。语文老师要求每天都写日记，每两天检查一次，高兴了会来两句批语，因心事琐事涉及部分隐私不好写上去，就只能进行文学创作。

为了修炼文笔，曾拿起词典，从"A"开始摘录华丽辞藻到"K"，后因工程过于庞大，放弃了。之后，我找来徐志摩、席慕容等人的文章来看，把漂亮句子写在本子上。当我学写古诗词以及情书时，又写满了一个本子。

毕业后我写出了第一部诗集，大概 300 首，多是模仿之作，模仿对象为席慕容、冰心、徐志摩以及汪国真。同时，开始注重韵脚以及自我意识在诗里开始觉醒，慢慢挣脱了席慕容等人的影响。

第一部写完的小说，是描述人物在成长后寻找父母的故事，后来改编成了剧本。接下来著作就一部接着一部地写，不同的阶段写作的内容不同，但唯一相同的是，当吃上第一口糖的时候，就没法再停下来，而每一次任务的完成，都给自己的基石垫高了一点，慢慢积累就有了一定的高度。

对生活有所执着的人很可爱，他们的生活就会被一件事所充盈着，这件事并非生活的全部，却可以成为生活的态度。而当他们用心去渴望去努力一件事时，就会觉得世界不再那么面目可憎，就连琐碎庸俗的日常也变得有趣起来。

　　试着定下你的目标，用十年的时间来实现它，你有这种信念吗？有这种勇气吗？有这种执着吗？有这种坚持吗？如果有，我相信你会成功的。而往往我们很多人没有，有的人成天只知道安于现状，得过且过，埋怨现实的不公、上天的不公，甚至埋怨自己没有生长在一个好家庭，没有生长在一个好国度，何其的荒诞与可笑。

　　如果你也有一个坚持十年的梦想，请坚持到地老天荒。就算得不到自己所期望的世俗和旁人的赞赏，起码你的人生与众不同，它会让你觉得即使拥挤在上班、下班、睡觉、吃饭、刷微博、朋友圈的时间碎片中，也不会那么茫然无措。

　　其实，上天对每个人都是公平的。它可能会给你某种优于别人的东西，但不要忘记，它也同样给予别人优于你的东西。所以在天生拥有方面，我们每个人都是平等的，我们都站在同一处仰望星空。只有坚持自己的梦想，它才能让你成为不同于别人的人。

　　记得有个电视娱乐节目，让高三还有一百天就要参加高考的同学都到操场上集中，在操场上画了6条起跑线，每个起跑线都比前一个要更接近终点。接着操场的广播里发出了这样的 6 条指令：你的父母都接受过大学以上的教育吗？你的父母给你请过一对一的家教吗？持续学习功课以外的一门特长吗？从小到大有出国的经历吗？你的父母是否承诺过送你出国留学？父母是否一直视你为骄傲，并在亲友面前炫耀你？

其实这些指令相当于父母为孩子努力创造的优势，让每个人拥有不同的起跑线。有的人一路向前，也有的人待在原地。6 个指令重新划定了同学们的跑线后，又向学生们发出了出发的指令，大家立即开始向前方同一个目的地，进行努力奔跑。

结果出人意料，是最努力奔跑的那位学生最先跑到了终点，而他们之间的所谓起跑线的差异在长途的距离中，并没有体现出优势。所以我很不屑一种观点，就是："输在起跑线上。"经过节目里的测试，我觉得拥有一个让人羡慕的起跑点，不如依靠自己的努力向前跑，到达梦想的地方。向前奔跑不过是个过程，你的梦想才是你与众不同的地方。

几年前，我的一位朋友在一所学校门口，租了 15 平方米的小屋，自主创业开了家餐饮店，开业半年也就笃定地跟我说："我的店将来一定会做大！"我将信将疑："刚开了半年，何以见得？"当时，店里也只是大体收支相抵。

他笑着跟我说："因为我是用心在做啊！"后来我去吃了一次，才真正明白他说的"用心"。所有的食材都是他亲自选购，摆放的餐盘也是他亲自设计。若发现客人心情不好，会赠送一颗巧克力，并手写一张卡片，上面写着暖心和鼓励的话语："无论何时，小店都在这里。"当看到情侣用餐时，他会用番茄酱在各自的盘子里画一个心形……每个来用餐的人都可以感受到店中的贴心和惊喜。小店的发展也证实了他的预言，我再见他时他已是三家门店的老板。

在你坚持梦想的时候，有些问题一定要想清楚，就是你想干什么？你能干什么？你想怎么干？你能不能干成你想干的？观察周围，凡年轻有为之人，无不做事用心，思虑周全。是的，认真做事只能把事做对，用心做事才能把事做好。真正投入心血和感情的人，会把工作做得尽善尽美，这也是我朋友的特别之处。

所以，我们始终都是要靠自己的，靠别人那只是暂时的事情。毕竟你的一生，只属于自己。人生道路，如何去描绘，主动权在你自己，别人的帮助和指点，那只能是一种参照。有时，与其埋怨现实的不公，何不如静下心来，认真地审视自己，分析自己。找到你的优势和长处，并坚持不懈去经营它，就先用十年的时间吧！我想，你会成功的。

■ 只要努力，就能飞翔

当明天变成了今天，又成了昨天时，我本想做到既能够欣赏大千世界的沧桑与变迁，又能够欣赏生活中的微小之美。但阅历不足、经验尚浅，不能够达到此种境界。环顾四周、秉神思索，我能够做到的，也庆幸我拥有的就是积极、乐观的心态，至此相信拥有这样一份淡然的心绪，没有什么困难能轻易击垮。

"人，只要有一种信念，有所追求，什么艰苦都能忍受，什么环境也都能适应。"信念是一支火把，它可以燃起一个人的激情和潜能，让我们努力飞入梦想的天空。希望所有的人都有自己的梦想，都有自己的信念，挥洒自己青春的风韵在自己金黄的土地，收获毕生的幸福。

只要努力，就能振翅飞翔。整理旧物时，翻开我在中学时期写的日记，看到曾经写下这样一句话："青春年少的我，无畏无惧。"才发现曾经那个幼稚的时代，已离我而去，或许现在的我还是单纯的，但这种单纯已不再是浮于表面上的愚昧与无知，只是懂得的东西确实还不多，还是一个在不断求索与追求的过程。

我们那么努力，就是为了赢过昨天的自己。有位朋友跟我抱怨说，自己始终找不到满意的工作，要么工资低，要么太辛苦，感觉人生没有希望，好像这辈子就只能这样了。我安慰他说："不必拿自己的人生跟别人比，自己好好活，也是可以过得不错的。从现在开始，只要你脚踏实地，认认真真地努力，日子会好起来的。"

可能我这番话说得太平常，也可能是我没说出他想听的话，反正在听完我的鼓励后，他开始把矛头对准我，冷嘲热讽地对我说了一句："真羡慕你，随随便便写点稿子就能挣到稿费。你们这些赚轻松钱的人，又怎么能懂我们的心酸。"

我实在不知道这话怎么接。朋友怎么会认为我每天过得很轻松？可能他觉得，我朋友圈里发的都是自己去哪里玩，见了什么朋友，吃了什么好吃的，所以我就是一个只懂吃喝玩乐的人，可他不知道的是，那只是在我开心玩的时候发的朋友圈，而且只是少数时间，更多时候我也在认真努力工作。

我笑着回他："你怎么没想，我没发朋友圈的时候在干什么！为了赶稿可谓是一刻都停不下来，没有约稿时也要自己进行创作，努力没有尽头，只问耕耘不问收获地努力着。"

我的另一位好友，从一家著名企业辞职出来创业，从来没听过他有一句抱怨，他积极乐观，有时让我觉得命运对他格外偏袒。我在工作上受了些打击，很丧气地跟他说我觉得生活好难，对未来很担心。

他当时的一段话启发了我。他说："你的方向不要搞错了，越是这个时候，越不能担心和焦虑，而是自己要想办法去改变不利局面。"

我和他认识也有十几年了，他表现出来的从来都是阳光积极的一面，要是他不说这番话，我差点以为他就是命运的宠儿，平时健身，有空就出去旅行，公司发展看着不是那么上心，但是，能说出此番话的人，我想他肯定一个人也在心里默默走了很远的路，也遇到过很多困难，也丧气过、灰心过，也有过迷茫的时候。只是他积极地看待这些生活中的不如意，乐观向上。

真实生活中，没有人能随便成功，也没有一蹴而就的方法。谁也不比谁聪明多少，我们所拥有的一切都要靠自己一点一滴去积累、去争取。

如果你觉得现在的生活还不是你想要的样子，那就请你再多想想办法。

这些天，见我的朋友圈有人发这样的段子："洗尽铅华，同样的工作，却有不一样的心境；同样的家庭，却有不一样的情调；同样的后代，却有不一样的素养。"这是我中学时代的同学所发，面对她的感慨，我想起了曾经的她。如果她没有读书，没有考出去，只在家里做平凡农妇，是不会有这段感悟的。我了解她，这一路走来不易，更觉得她比我伟岸许多。

只要努力，我们都能在天空中自由飞翔。现在这个世界，很多时候，不是你努力就一定能成功，因为天资和机遇会深深地限制一个人。然而很多时候，我们努力并不是为了过上多厉害的生活，而仅仅只是为了让明天比今天更好一点，哪怕稍微好一点点，就已经是很好了。人生很多时候，不是为了能赢过别人，只是为了能赢过昨天的自己。只要做到这一点，就算已经成功了。

反正无论努力还是不努力，时间都一样过，那就努力呗！就算一个人的希望总是会被各种负能量所打击，也还是要充满正能量地生活。

有时，天与地不是仅有距离的差别，鸟类与人类，也不是仅有身体上的差别。同是自然的产物，却活出不同的滋味。飞翔时，生活与自由在我的脑海中回荡，这是天与地、心与心的交流。

记得有这么一则故事，有一位穷苦的牧羊人带着两个孩子替别人放羊。他们赶着羊群来到一座山坡上，忽然看到了一群大雁从天空飞过，那么自由自在。牧羊人的小儿子问父亲："为什么大雁会飞呢？"牧羊人一开始并不理解孩子的问题，回答说："大雁每年的这个时候都会往南飞，它们要去一个温暖的地方，在那里安家，好度过这个寒冷的冬天。"大儿子羡慕地说："大雁可真厉害，能在那么高的地方飞，如果我们也能飞就好了。"小儿子也赞同地点了点头。

牧羊人惊呆了一下，才明白孩子们原来是在羡慕大雁呢！他笑着对两个孩子说："只要你们想，并为之付出努力，你们也能飞起来。"

两个孩子牢牢地记住了父亲的话，并一直不懈地努力着，长大以后便开始了他们的机械航空试验。从1900年至1902年期间，他们除进行1000多次滑翔试飞之外，还自制了200多个不同的机翼进行了上千次风洞实验。他们废寝忘食地工作着，不久便设计出了一种性能优良的发动机和高效率的螺旋桨，然后成功把各个部件组装成了世界上第一架动力飞机。

所以，带着努力一起飞翔，因为有了它，让我们拥有理智之思，才使过去的失误不再重演到今天的影片里。才能使过去的成功在人生中继续升华，才能让我们真正收获金秋丰硕的果实，品味人生的快乐。我有自己的梦想，所以我为梦想努力。如果选定了人生的航向，就让我们起航吧！乘着自由的风儿，翱翔在蓝色的天空中，你所要做的，就是努力地飞翔！

■ 为了将来少点遗憾，你今天得多流汗

我们所付出的努力不会白费，因为天下没有白走的路，它们会逐渐累积，成为你成功的基石，别为了短暂的舒适与安逸而放弃了自己成长的机会，尤其在你还年轻的时候，那是你成长最快的阶段，想自己的将来少点遗憾，今天你得多流点汗。

人生很有趣的是你过去的所作所为，造就了今天的生活处境。而你今天所做的每一件事，也将决定你未来的生活是何种状态。

浩强在这一年，怀揣助学贷款协议，没有花一分钱生活费就成为上海大学计算机系的一名学生。他想到 4 年毕业后，就业形势的严峻和家庭条件的窘迫，就告诉自己，在大学期间一定要努力，不论流多少汗也要完美地完成学业。当很多同学在享受轻松的大学生活时，他已经开始为自己的未来忙碌了。

他每天都会泡在图书馆的借阅室里寻找各种专业书籍，他觉得自己必须不断地奋斗才能改变生活的状况。为了找到施展才华的平台，浩强选择加入学校的学生会。开展活动时，每次他都是第一个去，最后一个走。他会把每一件小事做好，把别人不愿干的累活全都包

揽。有次学院举办嘉年华，浩强还主动承担起了拉赞助的活儿。

"每晚都睡不着觉，因为有太多的事情需要我去筹划，一切都要从零开始。"浩强在回忆时说。可两个月后，除了收获一万多元的赞助费，他还收获了宝贵的经验。

你所做的事情，都是为了将来做准备；你过去的努力，决定了今天自己的能力层级，如果因安于舒适而放弃成长的机会，也就等于放弃了让自己能力增长的机会。如果有这一天，你无须羡慕任何一个成功者时，你就成了其中一员。许多人会无法完成目标的原因就在于目标设定的过大，梦想可以大，但目标应该能拆解成几个小目标，小目标比较容易完成，也容易让你拥有动力，当你能够逐一完成各个小目标的时候，原本的大目标也就完成了。

所以，今天多流汗，是为了将来少点遗憾。现在你受苦是为了未来的幸福，流汗是一种过程，它决定了你的人生可能得到的结果。世界上没有任何一种成功，是不经过流汗就可以得到的，它需要你去行动，在奋斗的路上不断解决困难，永远保持昂扬的斗志，也只有如此，你才能最终获得成功。

■ 现在努力，只为给将来"安全承诺"

在人生这条路上，只有奋斗才能带给你安全感，不要轻易把自己的梦想寄托在某个人身上，也不要太在乎别人对你的议论。未来是你自己的，也只有自己，才能拥有最大的安全感。别忘了答应自己要做的事，别忘了你想去的地方，不管那有多远，或有多难。

与其担心未来，不如现在好好努力。为了拥有一个自己的将来，给自己一些"安全承诺"。有时你觉得待在一个看上去相对安稳的地方，好像是稳定了自己，其实它会随着环境变化而变得极不稳定，你必须时刻努力把自己磨成一把好剑，为的是在将来发生变故的时候，能带来绝对的稳定。

努力磨砺自己是给自己带来安全感的唯一方法。但努力不代表你一定要去大城市，或者你一定要创业，又或者你一定要离开现在的工作体制，而是让你这把锋利的剑，能始终光亮，它可以带你想去的地方，并更好地劈开路上的荆棘，让你获得对将来的安全感。

如果你在混日子，对不起，实际上你是在混自己，在很多大公司混的人，你能黑老板多少钱呢？你一年年薪 10 万元，中低层收入你在单位混 10 年也就黑老板

100 万元，对很多公司来说，被黑掉 100 万元对公司伤害不到哪去，可是你十年不好好工作荒废了十年，突然有一天公司倒闭了，或者把你开除了，你怎么办呢？

一件事如果是应付一下，很容易，应付完了之后不觉得是在浪费生命吗？也许你今天花了别人几倍的时间和精力去完成一个项目，但到最后你会发现，你的收获是最大的，你全面解决问题的能力是别人不可能得到的。你的能力锻炼出来了。

如果，你在工作中少了危机感，那么走到社会的时候就失去了竞争力。让原本享受安稳的你，反而最缺安全感。现在很多大学生在还没毕业的时候，总觉得自己有能力混得不错。毕业几年后，发现社会与学校完全是两个世界。

惰性总会让人得过且过混日子，不思考未来的路怎么走，就等于你安于现状，接受了平庸而卑微的生活，失去了年轻人本应该有的那股冲劲和干劲。停止思考，懒懒散散地混日子，消磨着你以前想过"简单而快乐的生活"的信念，这种变化一直通过细微的事情发生着，不静下心来思考，你真的感觉不到自己已经落后，生活在变得糟糕。

这个社会还是相对公正的，机会还是很多的。未雨绸缪的事，不是等发生了才想到要去解决，而是要为自己早作打算。昨天没有努力的你，今天就不要怨天尤人。当大家都觉得自己的生活不会"变"的时候，其实它正在潜移默化地变化着。当你觉得正在从事一件很"安全"的事时，其实它正在向"不安全"的方向发展。"安稳"其实是一种"祸根"，它让你对生活产生麻痹，待风雨欲来时，你就会乱了方寸，慌了手脚。

所以，现在你的努力，是为了给将来做出一个"安全承诺"。但你也不要对未来太过于紧张，那反而会让你的手脚不听使唤，往往你越是在乎的事物，越是让你觉得没有安全感。对于未来有太多的不可知，确定好目标再努力，不要盲目地努力。

■ 付出努力，才能改变命运

生活中很多人，可能会有疑问地说："我那么努力干嘛！我又没钱又没势，一辈子就是打工赚点小钱的命。"要明白，在这个世界上很多事情都是你努力了但是不一定会成功，如果你不努力，就一定不会成功。有些人只能看到马云现在是成功的，但是看不到和马云一样努力奋斗的人又多少是还没有成功的。难道说他们不够努力吗？

马云有句经典的语句："今天很残酷，明天更残酷，后天很美好，但是绝大多数人会死在明天晚上。"付出努力，才能改变命运。那么努力并不是为了要变得多么成功，是为了改变自己，从而改变命运。

我有一个朋友，特别喜欢在朋友圈发一些负能量的文字，比如说："再怎么努力，也不会变成高富帅。"又如说："大多数人的天资，注定了这辈子只会一事无成。"虽然，他说的代表了一部分事实，但这世上大部分的人，都出身一般，都天资平平，如果再不努力，就真的一点儿希望都没有。

有人曾经这样问我："你一个女孩子上那么久的学、读那么多的书，最终不还是要回一座平凡的城，打一份平凡的工，嫁为人妇，洗衣煮饭，相夫教子，何苦折腾？"我想，我的坚持是为了能改变自己。

记得上学时班主任常用"天道酬勤"来促使我们好好学习，努力奋进，选择好自己的目标，用勤奋和努力来换取明天的鲜花和掌声，选择真的比努力更重要。当一个个卓越的生命用他们的成功历程来激励我们努大时，我们看到的不仅仅是他们的成功，而是孕育成功的雏形。

在一次阅读分享会举行的活动中，小文说出了自己的艰辛故事。她的家庭特别贫困，初中时就申报了特困生，学校减免了她的学费，但生活费对于她的家庭来说，也是不小的开支。学校离她家远，基本一个月才能回去一次。每次到学校，书包里装满了馒头干，泡着可以吃一周，这样七天的生活费就都省了。那时候，她一个月的生活费只有 15 元钱，据说大部分时候只能吃家里腌制的豆瓣酱和二两白米饭。

她是受到资助的特困生，没有钱买更多的复习资料，只好把书本上的例题和考试的试卷反复练习，达到最熟练为止。晚上自习下课后，她还留在教室不走，一直到熄灯。熄灯后她回寝室，还在默默地背诵课文。她每天的洗漱都在寝室熄灯之后，悄无声息地洗完上床睡觉。

因为贫穷，她是班上最沉默也最努力的一个。我从来没有问过她为什么这么努力，我初中的时候太懵懂，整天只知道玩，根本无力思考这么沉重的问题。直到很多年后，回想起来，对于她来说，读书是唯一改变命运的机会，她别无选择。

尽管她已经这么努力，却始终只能考班级第三、第四名。那时候一个年级有 8 个班，她的成绩在年级里总是二十名以后。班上老师评价她："天资不足，勤奋有余。"不知道她听了这样的评价，心里会怎样想，想必很难过吧，但她习惯了不吭声。一个贫穷而又沉默的孩子，她心里的翻江倒海总是会被忽略掉。

以她的努力，自然能考上高中，虽不是市里最牛的学校，但也算重点了。她高中和我不是一个学校，听说比初中还努力。据说高三的时候，为了更好地复习，夜里在床上点了蜡烛念书，烧坏了一床被子。

功夫不负有心人，她考上了师范大学，师范生可免学费。她家境贫困，一毕业就得支援家里。在她家，她是唯一一个念了高中和大学的。

她家父母已年迈，还有兄弟姐妹生活在农村。为了能供小文读书和养家，她的姐姐去做过很长一段时间的保姆，父母和亲人在农村过着很苦的日子，她作为家庭里唯一的"文化人"，有不可推卸的责任帮助家人。大学毕业，她应聘到高中做教师，没两年就和大学同学结了婚。丈夫是研究生毕业，也是一名教师。

在成年人的世界里，与自己竞赛的已不再是往日的同龄同窗。竞赛的跑道变成了立体的、全方位的复杂系统，雾蒙蒙的跑道若隐若现，竞赛的规则微妙而又晦涩，选手们不分男女老少、高矮胖瘦一概混合编组，随时参赛，自由退出，犹如在社会丛林中开展的一场没有开始也没有结束的野战。

这就是社会吗？满心的不适应，开始怀疑自己是不是走错了地方，入错了行当。因为在社会上，完全没有了众星捧月的感觉，倒有了低三下四的卑微。环顾左右，有威风凛凛的"上司"，有头顶光环的"海归"，有经验丰富的"老同志"，有财雄势大的"土豪"，还有悠来晃去的"美女帅哥",站惯了高枝儿的大学生感觉自己处于下风,没有了自我,不安和恐慌与日俱增,逐渐演变成了无边的困苦与焦躁。

此时,心中的一个声音会说:"走吧,宁做鸡头不做凤尾。在这里你不够优秀,不会有出头之日,这里不适合你。"另一个声音立即反驳道:"不行,不战而退,太丢面子啦。"

"冲锋号"与"退堂鼓"在心中一齐奏响,左腿要前进,右腿要逃跑,整个人陷入了动弹不得的困境之中。周围是强手如林的陌生环境,慌乱中看不清自己,也看不清别人,只能感到威胁与压力在一步步地逼近。心中不住地摇荡,晕眩的头脑不断地编织出沉重的"困境",可日子就这样一个月又一个月飞快地闪过。

等到工作中又来了新同事,透过新同事那一双惴惴不安的眼睛,曾经的大学生们忽然明白自己也成了"老同志",是别人的威胁与压力。

原来,"困境"并不真实,也不可怕。人是可以出入自如的,出口就隐藏在我们的误解之中。不是优秀的人才能在竞争中胜出,因为:"优秀不等于成功,不优秀也不等于失败。"

古今中外,"不优秀"的人取得非凡成就的事例比比皆是,不胜枚举。牛顿患有疾病,拿破仑身材矮小,爱因斯坦生活缺乏条理……当今三百六十五行中有很多成功的平常人。看看左邻右舍，亲朋好友，我们不难发现，一些原来不如自己的人，通过自己的努力，也赢得了令人艳羡的成就。

所以，人生总要有所目标，知道自己为什么而努力，为什么而拼搏，其实结果不重要，重要的是你有为此努力的过程。没有侥幸的成功，只有加倍的努力，在努力的背后，必有加倍的赏赐。努力不是心绪来潮，在其背后有很多东西，有坚韧、信心、顽强、拼搏，还要有创新和尝试。只有脚踏实地付出努力后，才能改变自己的命运，过上幸福美满的生活。

■ 与其抱怨，不如努力做好现在

生活中的抱怨，犹如一股阴冷潮湿的黑雾，足以遮蔽双眼、迷惑心智、阻碍成长。最终，我们会在怨天尤人的泥潭里越陷越深。而这个世界上，财富和资源都是有限的，难免会分配不均。于是，对于失意者来说，抱怨就成了最方便的出气方式。它除眼前的利益以外，很多时候不但不能解决问题，还会使问题恶化。

抱怨不能解决任何问题，不如将抱怨的时间用来努力做好现在。只要你的头脑中一有抱怨的意识，就会停下或者放慢手中的工作，为自己鸣不平、讨公道，甚至不顾一切找到对方要个明确的说法。如果得不到想要的结果，不是痛恨世界不公，就是哀叹老天无眼。久而久之，不仅直接影响工作和生活，还会影响心情和心态。

如果你抱怨上了瘾，不但人见人厌，自己也整天不耐烦。如果你觉得自己根本无法做到停止抱怨，那么至少应该在抱怨时提醒自己：它绝不是心灵的解救方，抱怨只是暂时出气宣泄，做心灵的麻醉剂。而真正的勇者，总是能冷静地看待世界，他们从不抱怨，用审视的眼光看待自身，也成就自己。

小凌是房产行业的置业顾问，性格直爽而不拘小节。遇见她，是在一个晚宴上。当我刚坐下，她就喋喋不休地抱怨开来。比如每天都要面对很多次的拒绝；又如一个月没有开单让她一度比较沮丧；还有为了在工作中，是坚持还是妥协，是疲惫还是激情纠结不已。诚然，她的工作有不尽如人意的地方，但在这个世界上，又有哪一份工作堪称十全十美呢？

"那么辛苦的工作，你怎么还能坚持下来呢？"我听着她的抱怨，问了这么一句。小凌显得很委屈，她说："就算安分守己不惹是生非，也会受到一些莫名其妙的指责。"我看她很想要努力，但又得不到别人肯定的样子，就想劝她："干得不如意，就换一份工作好了。"

也许小凌只是向我抱怨，而并不是真的不开心。听到我建议她离职的时候，还是愣了一下。随后她又说道："我的职业是卖房子，能把房子卖好，也就能卖好一切东西，而作为职场的新人，应该是抱着努力学习的心态在工作。"

　　当她开始审视自己的时候，发现这个职业还是有很多好处的。而且我看得出来，她也是想用心做事的，只是不够自信才开始抱怨。对她说："你要想拿高薪，就得承担超负荷的劳动量。你要想出人头地，就得迎接周围挑剔的目光。面对人生的不如意，一个人所要做的，就是尽量改变自己能够改变的部分，至于个人无能为力的部分，那就坦然接受吧。"

　　接下来的一段时间里，小凌好像开始越变越好了。我听说她比以前更爱笑了，穿着与谈吐也温柔与亲和多了。她也很少与人聊天说自己的不满，并能用真诚去打动客户。这时的她，让我想到一句话：爱笑的姑娘运气不会太差。

　　是的，每个人都需要面对日常工作的繁忙、业绩的压力、竞争的环境等问题，它们会让你失去耐性、失去淡定、失去好好说话的心境，结果不是让自己变成怨男、怨女，就是影响周围同事，还不自觉让自己成为一个爱抱怨的灰色地带。

俗话说："病从口入，祸从口出。"因为不能管住自己的嘴巴，导致身败名裂甚至为此丢掉性命的人，从古至今不胜其数。"每天总是有太多的工作，烦死了！""这个工作难度很大，又没有支撑，让我去做，怎么做？""这个烂摊子让我去收拾，为什么别人不去？"类似于以上这样的怨言在我们身边不绝于耳，传递满满的"负能量"。

没有人会喜欢一个消极、负面的人，更没有人愿意忍受你的牢骚和坏脾气。抱怨不仅会破坏你的人际关系，这种不满的情绪，也会破坏内心的平静，从而影响工作和整个团队，势必会带来更多的被抱怨和相互抱怨，甚至成为致祸的根源。虽然不可能因为抱怨几声就掉了脑袋，但是因为抱怨丢掉工作、丢掉人脉，甚至招致祸害之灾的例子比比皆是。与其如此，又何必非得抱怨呢？毕竟，抱怨不是目的，它使你思想肤浅、心胸狭窄，让你与环境格格不入，更使得你的发展道路越走越窄，终将一事无成。

有能力走遍天下，无能力寸步难行。停止抱怨，提升个人能力是你的当务之急。在工作中，最不缺的是挑刺抱怨的员工，最缺的是不抱怨、积极行动并解决问题的员工，你与其浪费精力抱怨，不如把抱怨的时间，花在全身心投入的工作中，努力拿出自己令人信服的业绩。

每日都要积极地、不断地反思来改变自己，用积极的心态对待工作中的"磨难"。如果你能做到完全不抱怨，平平常常担起自己的责任，那么你的人生境界就非常不简单了。

■ 用快乐诠释自己的人生

在遭受挫折和失败的瞬间，需要保持乐观自信的精神状态，那才是明智之举。在这瞬间勇敢地微笑，便能重整旗鼓，凭着自己的勇气一鼓作战，最终一鸣惊人。在遭受误解和仇恨的瞬间，需要保持宽容待人的处世态度，在对他人的宽容中，你能忘却仇恨，凭着自己的快乐心情，最终能笑傲人生。

人生总有这样一些闪亮的瞬间，一次次明智的举动化成一种种喜悦，一种种感动。所有的付出，所有的"真善美"，都在成为回忆的瞬间，变成了永恒的美丽。把握人生的每一次珍贵的瞬间，用行动博得一生一次的花开。珍惜人生的每一次精彩的瞬间，用美丽的心情诠释快乐的真谛。

记得，我起初来到这所城市工作的时候，自己对这里的一切事物都不熟悉，感到很孤独，每次想家都会自己暗暗地流泪，并且有时出去逛街也听不懂这里人的讲话，这里的一切仿佛都是对我的一个大大的挑战……经过一段时间的适应生活，逐渐熟悉了这里的一切，交到一些朋友，并且学会了本地话，现在偶尔也会说几句，原来这座城市在熟悉之后，这也有很多好玩的地方。

我开始对所处的城市，感到有兴趣。每一天我都很开心，并且孤独感也都抛之脑后。或许这么一件生活中的小事是不值得一提，但对于我自己却是影响深远。因为这过程见证了我的成长，这里有辛酸、泪水，也有快乐。它让我明白了生活要乐观地去对待，这样才能是一个值得演绎的人生乐章！

人生的成功与否，就在于能否珍惜每一个瞬间，每个细小的机会。认真地对待人生中的每个瞬间，让每个瞬间尽可能地美丽，快乐就会不经意间走进生活，赶走内心深处的所有不快。也许瞬间只会在生活中留下一个淡淡的痕迹，但它却是生活中最美好的景致。

每天清晨，从钟声中醒来，仿佛一切又是一个新的开始。万物的复苏，快乐的生活从此开始。生活的经历告诉了我们要乐观而阳光地去生活，用乐观诠释自己的人生，才是一件幸福而快乐的事情。

不久前，霍金去世的消息传来，对于这位天文物理学家，我是敬佩不已。他出生于 1942 年 1 月 8 日，是黑洞理论和"大爆炸"理论的创立人，也是著作《时间简史》的作者。他因患肌萎缩性侧索硬化症，禁锢在一张轮椅上，他却身残志坚，使之化为优势，克服了残疾之患而成为物理界的超新星。

他患有"渐冻症"不能书写，切开的气管甚至令他无法开口说话，但他超越了相对论、量子力学、大爆炸等理论而迈入创造宇宙的"几何之舞"。尽管他那么无助地坐在轮椅上，他的思想却出色地遨游到广袤时空，解开了宇宙之谜。他为人幽默风趣，喜欢与人打赌和开玩笑，他用积极快乐的态度，战胜了疾病。他用乐观诠释了人生的真正价值。

或许在人生的道路上，每个人都会面对各种各样的困难和挑战。没有一个人是不曾经历过的，因为只有在磨炼中才能感悟到生活的美好，才能不断地成长。

作家龙应台在给儿子安德烈的一封信中写道："孩子，我要求你读书用功，不是因为我要你跟别人比成绩，而是因为，我希望你将来拥有选择的权利。选择有意义、有时间的工作，而不是被迫谋生。当你的工作给你时间，不剥夺你的生活，你就有尊严。成就感和尊严，能给你快乐。"

我在参加一个晚会上遇到，主持人问一个小男孩："你长大以后要做什么样的人？"男孩看看同场的企业家们，然后说："做企业家。"在场的人都笑着鼓起了掌。我也拍了拍手，但听着并不舒服。我想，这男孩对于企业家究竟知道多少呢？他是不是因为当着大家的面才说要当企业家的呢？他是不是受了大人的影响，以为企业家风光，都是有钱的人，才要当企业家呢？

男孩还未成为大人，我对于他的未来，当然无法猜透。但不管怎样，作为一个人的人生志向，我认为当什么并不重要。因为，不管是谁，最重要的是从小要立志做一个努力的人。

好像我小的时候，也有人问我长大了要成为什么样的人。我的回答不外乎当教师、医生和科学家之类。时光一晃流走了这么多年，当年的孩子，如今已到不惑之年。仔细想一想，当年我在大人们跟前表白过的志向，实际上一个也没有实现。那是因为我的机会，没有出现在合适的时间。

我身边的其他人差不多也是如此。有的想当教师，后来却成了歌唱家；有的想当医生，后来却成了作家；有的想当科学家，后来却成了节目主持人。由此可见，梦想是会随着年龄而出现在不同的阶段，你有努力的方向，还要有符合你成功的条件。当年我从学校毕业时，不论有多大的想象力，我们也不敢想以后会成现在的样子。这一切都是我们在努力中见机行事，一步一步得来的。

与其说我们是有理想的人，不如说我们是一直在努力的人。并非我们不重视理想，而是因为树立雄心壮志容易，为理想努力却很难，人生自古就如此。有谁会想到，十多年前，我也为前途犯愁。当时的我在异地读书，毕业后，工作机会渺茫，真不知道路在何处。

然而，我却没有灰心失望，现在回想起来，支撑着我走过这段坎坷岁月的正是我的意志。当许多人以为我已不行、该不行了的时候，仍做着从地上爬起来的努力，我坚信人生就像踢球，往往是在快要倒下去的时候，才能获得"进球"的生机。事实也正是如此，就在"山重水复疑无路"的时候，我重新审视了自己，规划新的就职之路，从此一举走出困境。

有人说，"努力"与"拥有"是人生一左一右的两道风景。但我以为，人生最美最不能逊色的风景应该是努力。努力是人生的一种精神状态，是对生命的一种赤子之情。努力是拥有之母，一心努力可谓条条大路通罗马。由此可见，与其规定自己一定要成为一个什么样的人物，获得什么东西，不如磨炼自己做一个努力的人。

"志向再高，没有努力，志向也难坚守。"要做一个努力的人，可以说是人生最切实际的目标。有时，我们的态度决定每个瞬间，而每个瞬间又能决定我们的人生。把握每个稍纵即逝的瞬间才是最重要的，只要你懂得寻找和欣赏瞬间的美丽，当一切都成为回忆的时候，你还能从中获得感官上的享受。

所以，用快乐诠释你的人生吧！快乐的人生是掌握在自己手里的。确切地说应该是掌握在自己心里。心放宽了，自然心里就没有那么多的不安。

■ 唯有努力，不负光阴

我们唯有努力，才不负光阴。人的成长其实是有时间表的，就像植物，在四季分明里，春种夏长，秋收冬藏，什么季节该干什么事，都有定数。年轻的时候，记忆力、学习力、好奇心、想象力都在顶峰，是学习能力最强的时期，如果在这段时期你没有很好地储备，等你工作以后，你的知识就不够用，就很难跨上更高更广的平台。

一个人只要不甘于平庸，哪怕是有一点点想法，在把想法通过办法变成现实的过程中，都会遇到各种各样的难题、阻力和麻烦。有人为特意制造的、客观存在的和偶然发生的，也会让你感到时不予我英雄气短的无奈，会让你有穷途末路求救无门的尴尬。

人到 30 岁以后，知识基本就是打磨和运用了。如果在这之前没有很好地储备，你就会感到不够用，成功的机会也会随之远离你。大器晚成其实是小概率事件。在摩西奶奶、肯德基爷爷的奇迹之外，更多的是庸碌、辛苦一生，最终郁郁不得志，哀叹"少壮不努力，老大徒伤悲"的普通人。

但是，"人生什么时候开始都不晚"，其实是说给那些从未真正努力，又想发挥自己价值、追求美好人生的人听的。确实，如果你的内心有渴望和动力，那么60岁去奋斗也未尝不可。毕竟只要开始就有机会，而现在年轻的你是余生中最好的时机。

小时候，我奶奶常对我说："春天偷的懒，秋天真的很难还。"是的春天不播种，秋天田间就无果实。不要让明天辛苦奔波的你，怪罪今天虚度时光的自己。时间犹如指尖划过的细流，从不留下一丝痕迹，回首过往，唯有努力才不辜负这美好的日子。

最近我被重新拉进初中同学微信群。凌晨四点，群里有个风尘满面的中年男人发了一张他在大卡车旁边吃方便面的照片。我看到后一阵唏嘘，他以前是我们同学中间属于很聪明的那个，稍微用功成绩就很拔尖。可是初中的时候，他不知道勤奋和努力，有一段时间放纵自己，不思上进，经常逃课去玩电子游戏机。据他说，现在换了不少工作，用结婚后的彩礼钱买了一辆六卡车，跑长途送货，特别能干的样子，正准备在城里买房。

可是群中以前的班主任说："早这样多好，以这孩子的智商和能力，要是能早点努力，现在应该是经营物流公司，而不是送货的卡车司机。"

班主任说得对，现实明摆着："很多比他勤奋努力的同学，现在都过得比他好。"他和经常坐飞机去各地工作的同学一样，不时拿方便面凑合。只是同样吃着方便面，到处跑，人生却大不相同——过着完全不同的生活，有着完全不同的视野，提供完全不同的价值，获得完全不同的回报。

虽然说开货车的他，也是靠劳动吃饭，不是丢人的事，但是如果他早点儿发力，必然能创造更大的价值，有更辉煌的人生。

记得，冰心曾说："成功的花，人们只惊羡它现时的明艳，然而当初它的芽儿，浸透了奋斗的泪泉，洒遍了牺牲的血雨。"没有人能够轻易达成目标，只有能够把握当下努力奋斗的人，方能把握未来，在最美好的年纪里，我们要努力成长。

我的阅读分享会里的会员小田，是一位聪明并讨人喜欢的女孩。她在读大学的时候就认为，不应该只是埋头学习，要让生活丰富多彩起来。她加入了学校组织的学生会，学着去与人沟通交往、学着去举办各种活动，渐渐地从学生干事成长为能独当一面的学生干部，她觉得更重要的是在学生会里认识了一群有同样志向的小伙伴。

接下来的学习生活，充足而又有乐趣。小田读的是机械专业，她不忘到实验室锻炼自己的实验操作能力，提前体验科研的过程。她参加了多项比赛包括专业类的和兴趣爱好类的，都获得了不少成绩。一直以来，她就是一个特别有自信的人，喜欢通过新的尝试，发现原来可以干好这么多事情，只要踏实去做，生活是有很多惊喜可以探寻的。

到大学三年级的时候，小田可以得到一个保研机会，但她的大学英语六级，还没有通过，保送机会还未定。并不灰心的她，做了两手准备，一是考研，二是保研。暑假里，她没有像其他同学那样选择回家，而是留在了学校复习备战考研，两个月的时间，她把有专业课的知识又认真地巩固了一遍，这让她在随后的"推免"面试和笔试中得到了高分。

开学后，在学院老师的指导和帮助下，她将自己的简历和材料发给了一位导师，获得了一次见面交流的机会。导师询问了她在大学时学习和科研实验的情况，并向她介绍了课题组的研究内容，带她参观了组里的仪器设备，这一切给小田留下了深刻的印象。

后来，她按照学院的通知，参加并成功通过了"推免"面试和笔试。就这样，经过后续的研究生"推免"工作，小田顺利地获得了保送攻读研究生的资格。

"业精于勤荒于嬉，行成于思毁于随。"另一位女孩，小曼是我的同学，她看上去是那种人见人爱、讨人喜欢的小姑娘。但她一上学，就逃值日、抄作业、上课吃零食，各科成绩也纷纷垫底，结果可想而知，勉强毕业后就到社会上待业了。

学习是件苦差事，学习也离不了吃苦。这个社会是金字塔型的，越往下人越多，竞争越激烈，奋斗越艰苦。同样是付出，同样是奋斗，在合适的时候去做事半功倍，一旦错过了最佳时机，就要付出更多辛苦。

我再次见到小曼的时候，是在图书馆里。她抱着一杯矿泉水，坐在靠墙的角落里，一边喝着水，一边翻看着前面的一沓书。老友相见，难免多聊几句。

让我好奇的是，以前不爱学习的小曼，怎么会在图书馆看书。她好像看出我的疑惑，淡淡然地说："现在不学不行了，社会进步太快，我可不想过早退休。"

原来毕业后的她，进了一家外资企业，先是做行政方面简单的事，但收入微薄。她想接些业务，公司会付给她一部分提成，就这样她从什么都不懂的小姑娘，慢慢地锻炼成了女强人。小曼为了提高业绩而要不断地给自己充电，以前看到英语课头痛的她，现在竟然能无障碍地阅读英文著作。

看，人的一生就像一场盛大的马拉松。刚出发时，摩肩接踵，人山人海。那时也许我们无法领先，也不够出众，但只要我们不放弃自己，早晚会追上来。同时，让我想到了一个"守恒定律"：成功的人，需要付出的努力是命中注定的，有些书是早晚都要读的。而早努力的优势在于，成功的概率要来的更多些。

所以，在你有限的生命里，唯有努力才能成功。确实，如果你渴望成功，那么什么时候努力都可以。因为，人的长速度，快慢有不同，就像白菜和樱桃的成熟期不一样，不能用同样的标准来要求每个人。但是，若想获得最好的收成，不论是谁，都该在最好的时光里，努力汲取阳光和水分，扎根发芽，拼命生长。

■ 没伞的孩子，还有什么资格不奔跑

如果你遇到一个雨天，很大的雨。你没有伞，你会怎样？是努力奔跑，还是漫步雨中？我们都很平凡，平凡到这个世界简直感觉不到我们的存在，那不是我们低调，而是我们没有高调的资本。

为了拥有一个更好的自己，没有理由不努力。你是否这样想过：每天都这么努力地生活是为了什么？不就是为了有一天当你站在爱的人身边时，不管对方是富有还是贫穷，都能坦然地张开双臂互相拥抱；不就是为了

一份长久的事业；为了一对操劳的父母，更是为了有一个更好的自己。

虽然每个人努力的目标不同，但它却是你梦想要实现的理想生活，为了未来更好的自己，现在你有什么资格不努力？只有那些为了生活努力奋斗过的人们，在经历过生活的鲜花与掌声之后，才有资格去过平淡安逸的日子。而你没有经历过生活的艰辛与喜悦，没有体会过人生的低谷与顶峰，凭什么就想要安逸。

我们能做的就是尽自己最大的努力，给它迎头痛击，不论这个世界多么面目可憎，我们都能骄傲地说，我没辜负自己。这个世界就是这样，残忍的鲜血淋漓。在去年的圣诞前夕，我收到了一个从海外邮来的大信袋，打开看到里面是一叠封装完好的报纸。这份报纸的创办人是王征，他是我的一位读者。现在他开始变成一个真正的"报人"，从组稿、编辑、印刷和发行的各种事务中，他也遇到了很多艰辛。

与王征相识于多年前的一次读者见面会上，当时还在留学的他，刚巧有假期回国，而我也不是很努力地写了一些东西，并大言不惭地拿出来分享。我至今还记得，当时在很小的一个咖啡吧里，大伙围坐成一圈，互相间有相识的和不太熟识的，但都没有陌生感。

记得那次分享会上有很多人发言和提问，印象最深的是有人问我："出报纸和编辑杂志哪个更有意义，并如何出好一份报纸。"而提问的这个人就是王征，我虽没有多少编辑杂志的经验，但对于出报，却有特别的感情。因为身为媒体人的我，第一份工作就是在报社。

那时王征他所留学的学校需要办一份校刊，对于采、编、排、校的问题成了我们共同的话题，并经常为此而进行讨论。现在他毕业后利用在学校的经验，自创了一份以当地名称为命名的报纸。得知成为"报人"后，我第一时间向他表示了祝贺。

"报纸出得怎么样？"我在 QQ 上问他。

"一直在出版，不过成本很大，发行也不是很好。现在信息时代更新的太多，而我只能维持出版季刊。"他并没有为自己成功创业而高兴，相反他有些沮丧地说："经费自筹。这些年，我在为一家旅游杂志当专职记者，就是这份工资，养活着我和报纸。"是的，王征的报纸是免费发送，按照当地的规定，这样的报纸是没有广告经营权的。除非他能找到资助，否则别说报纸，就是自己的生存也难以维系。

"可你的报纸看上去很不错，可以在发行及销路上拓宽一些。"我一边与他聊天，一边拿着他邮寄给我的报纸，反复地看着。

"发行主要是我自己送，平时要工作，只有用周末的时间送报，一期报纸要送近 100 个阅读点，这要花上几个周末的时间。好在这份报纸是季刊，三个月出版一期，我常常是刚把一期报纸送完，新的一期报纸又出版了。"隔了好几天我才收到王征的留言，而那天正好是周末以后。

接下去很多时间，我们都在各自的世界里忙碌着。虽然最终王征创办的报纸没能坚持下来，但我觉得他能为自己所拥有的梦想，去努力奋斗，这个过程就很让人感动。也许，现在的你还在犹豫，抱怨这个社会的不公平，埋怨自己的运气不好。你是不是嘴上说"我已经努力"，但身体却很慵懒，戴着耳机，吃着水果。其实越是把"我已经努力"挂在嘴边的人，越难成功。

比你优秀的人比你还努力，你有什么资格不去奋斗？生活从来就是一条不好走的路，高低不平，坑坑洼洼。要想轻松地跨过这些沟壑必须要用勤奋与努力，虽然还会附带着一点艰辛。在每一个平凡而又平淡的日子里，只要你不放弃、不退缩，并经过苦难洗礼，你的微笑才能更打动人。没有人能随随便便就成功，不是吗？

奔跑的人意味着，没有后悔和抱怨，必须勇敢地面对现实，接受世界残酷的挑战。努力争取，无所畏惧。心中充满对人生的希望，拥有理想，积极主动并懂得为自己创造机会。成功者是需要经受住生活的磨砺和岁月的折磨。不论遇到什么、拥有什么或者失去什么，你都会再次启程。只有启程，才不会浪费宝贵的光阴，让你的生命之树结满丰硕的果实，也只有再次启程你才能创造一个崭新的自我。你努力付出，不就是为了享受自己的梦想，令它开花结果。

所以，人生最美就是一个过程，努力奔跑吧！没有伞的孩子，你还有什么资格不为自己努力。奔跑不但是一种能力，更是一种态度，决定你的人生高度。必须很高兴地去迎接每一次挑战，去接受每一个让我们刻骨铭心的考验，一次又一次，成功、失败如影相随，泪水与汗水交织体会，不是我们没有选择，只是我们选择了一条更难的路，没有伞的孩子我们选择了奔跑。

奔跑不但是一种能力，更是一种态度，它决定着你的人生高度。不可否认，我们都爱着这个世界，因为它给了我们创造明天的机会，也让一切有了变得更好的可能。为不辜负努力奋斗的一生，你就该端起这碗"鸡汤"一饮而尽后，再次以奔跑的姿态，启程！